AF463366

MÉMOIRE
SUR LA
NAVIGATION
DE
FRANCE AUX INDES.

Par M. D'APRÈS DE MANNEVILETTE,
Chevalier de l'Ordre de Saint-Michel, Capitaine des Vaisseaux de la Compagnie des Indes, & Correspondant de l'Académie Royale des Sciences.

A PARIS,
DE L'IMPRIMERIE ROYALE.

M. DCCLXVIII.

MÉMOIRE

SUR LA

NAVIGATION DE FRANCE AUX INDES.

OMME il eſt eſſentiel au Navigateur de connoître la direction des vents qui règnent dans l'étendue des mers qu'il doit parcourir, afin de diriger ſa route en conſéquence, on traitera d'abord ici de ceux qu'on rencontre le plus ordinairement, tant ſur l'Océan ſeptentrional ou atlantique, que ſur l'Océan méridional, compris entre la ligne équinoxiale & le cap de Bonne-eſpérance.

Dans les mers d'Europe, & juſqu'au 28.e degré de latitude, les vents ſont variables, & ſoufflent tantôt de la partie du nord ou de celle du ſud, de l'eſt ou de l'oueſt, ſans paroître aſſujettis à aucune loi ou règle conſtante, en quelque ſaiſon que ce ſoit: cette même inconſtance des vents a lieu également dans l'hémiſphère méridional, au-delà du 28.e degré.

Depuis 28 degrés de latitude nord juſqu'aux environs de la ligne équinoxiale, on trouve des vents réguliers qu'on appelle communément les *vents alizés*, qui ſoufflent du nord-nord-eſt à l'eſt pendant toute l'année. Cette règle, quoique générale dans toute l'étendue de la mer atlantique, eſt néanmoins ſuſceptible de pluſieurs exceptions, tant ſur la direction différente des vents aux environs des côtes & des îles qui en ſont voiſines, que ſur les limites des vents alizés.

Lorſqu'on examine avec attention les Journaux des Navigateurs qui ſe piquent d'exactitude, on remarque en général que les côtes des grands continens, qui ſe trouvent entre les tropiques, ſont preſque toujours frappées obliquement du côté de la mer par des vents, dont la direction eſt relative à ceux qui règnent ſur les grandes mers qui les environnent: c'eſt par une ſuite de cette loi, dont la cauſe phyſique eſt d'ailleurs connue, que ſur la côte d'Afrique, depuis le cap Blanc juſqu'à *Serra-leoa* ou *Serra-lione,* à l'exception des briſes de terre & des orages, les vents y ſoufflent plutôt du nord au nord-oueſt que du nord vers l'eſt.

De Serra-lione au cap des Palmes, le cours ordinaire des vents eſt à l'oueſt-nord-oueſt; & au-delà du cap des Palmes, de l'oueſt-ſud-oueſt au ſud-oueſt.

Quoique les Canaries ſoient ſituées dans la région des vents alizés, on y voit régner des vents de l'oueſt & du ſud-oueſt, qui durent quelquefois huit jours de ſuite ſans interruption.

Les vents de ſud & de ſud-oueſt ſoufflent auſſi entre les îles du cap Verd, & aux environs, dans les mois de Juillet, Août, Septembre & Octobre, & leurs rades en cette ſaiſon ne ſont pas bonnes à fréquenter.

La plupart de ceux qui ont traité des vents alizés, leur ont ſuppoſé des bornes vers la ligne équinoxiale très-différentes de celles qu'ils ont réellement en chaque ſaiſon; & comme les conſéquences qu'on peut tirer de ces principes ſont plus propres à induire les Navigateurs à erreur qu'à les inſtruire ſur un objet qu'il leur importe de connoître, j'ai cru qu'il valoit beaucoup mieux préférer l'expérience à l'opinion commune, que de la ſuivre à cet égard, ainſi qu'à beaucoup d'autres, où elle ſe trouve également contradictoire.

Après avoir examiné avec ſoin dans plus de deux cents cinquante Journaux de Navigation, par quel degré de latitude les Vaiſſeaux qui vont aux Indes avoient quitté les vents alizés, & ſur quel parallèle ils les avoient trouvés à leur retour, il m'a paru que dans le courant du mois de Janvier les limites des vents alizés ſe trouvent entre le 6.e & le 4.e degré de latitude nord; en Février, on les rencontre entre le 5.e & le 3.e degré; en Mars & Avril, ces limites ſe trouvent entre le 5.e & le 2.e degré de latitude; au mois de Mai, entre le 6.e & le 4.e degré.

Pendant les mois de Juin, Juillet, Août & Septembre, l'action des rayons du Soleil ſur les terres, ainſi que ſur les mers de la partie du nord, changeant l'état de l'atmoſphère, y rend les vents moins conſtans; de ſorte qu'au mois de Juin les vents alizés ceſſent de ſouffler au 10.e degré de latitude; en Juillet, Août & Septembre, entre le 14.e & le 13.e degré, & ils ne reprennent enfin des bornes moyennes qu'en Décembre & Janvier.

Lorſqu'on quitte les vents alizés, on trouve des vents variables, des calmes & des orages cauſés par le concours des vents alizés avec les vents généraux, & par pluſieurs cauſes particulières qui ne permettent pas d'en fixer en chaque ſaiſon ni l'étendue ni la durée; on remarque ſeulement que plus on eſt voiſin de la région ordinaire des vents alizés, plus cette variété en eſt affectée, & que d'ailleurs quand on eſt près de l'Équateur, les vents varient plus ſouvent de l'eſt vers le ſud que de l'eſt vers le nord; cela n'empêche pas que dans les mêmes parages on n'y voie quelquefois régner des vents de l'oueſt au ſud, & principalement dans les mois de Juillet, Août & Septembre, mais ils procèdent preſque toujours des orages & ne doivent être regardés que comme des vents étrangers, deſtinés ſeulement à rétablir l'équilibre lorſque l'air eſt trop raréfié du côté de l'eſt.

De la ligne équinoxiale au tropique du Capricorne, règne un

vent alizé & régulier, qui souffle généralement & perpétuellement des points de l'horizon compris entre le sud & l'est; & comme ces mêmes vents ont lieu non-seulement sur l'Océan compris entre l'Afrique & l'Amérique, mais encore dans toute l'étendue des mers méridionales, on les nomme *vents généraux*, pour les distinguer des vents alizés du nord-est, qui sur certaines mers sont sujets à des variations périodiques.

M. Edmond Halley, dont le témoignage sur tout ce qui concerne la Navigation, mérite d'autant plus d'égards, que ce grand homme joignoit la théorie à la pratique, remarque que les saisons influent sensiblement sur la direction des vents alizés, ainsi que sur celle des vents généraux; que quand le Soleil est beaucoup élevé au nord de l'Équateur, c'est-à-dire qu'il est au tropique du Cancer, alors le vent de sud-est, particulièrement dans l'Océan entre le Bresil & la côte d'Afrique, varie d'un quart de rumb ou de deux quarts plus vers le sud, & que le vent alizé du nord-est se détourne aussi davantage vers l'est. C'est tout le contraire, dit-il, quand le Soleil est vers le tropique du Capricorne, les vents qui soufflent du sud-est tournent un peu plus à l'est, & ceux du nord-est, qui règnent du côté du nord, dépendent un peu plus du nord que de l'est.

Pendant une année de séjour que fit M. Halley à l'île Sainte-Hélène, l'ouvrage dont il étoit chargé l'obligeant d'être attentif aux divers changemens du temps, il observa que les vents généraux y régnoient constamment du sud-est ou des environs, c'est-à-dire que le vent qui souffloit le plus fréquemment tournoit plutôt du sud-est vers l'est que du sud-est vers le sud; que quand il venoit de l'est le temps étoit sombre, & qu'il ne devenoit serein que lorsqu'il retournoit au sud-est. M. Halley assure aussi n'y avoir jamais vu le vent souffler du sud vers l'ouest ni du nord au nord-ouest.

Au ſurplus, ſi par l'effet d'un orage ou de quelque cauſe particulière, les vents prennent une direction différente de celle qu'ils ont ordinairement dans le même parage; ces ſortes d'évènemens ne méritent pas de faire exception aux loix conſtantes & générales.

L'étendue des vents généraux ne ſe borne pas à la ligne équinoxiale, on les rencontre encore juſqu'à 2 degrés du côté du nord, & quelquefois même au-delà ſuivant les ſaiſons.

Les vents généraux, ainſi que les vents alizés, prennent toujours aux environs des continens un cours différent de celui qu'ils ont au large. Tout le long de la côte d'Afrique, depuis le 28.e degré de latitude méridionale juſqu'au cap de *Lopo-Gonzalvez*, ſitué près de la Ligne, la direction du vent eſt preſque toujours du ſud au ſud-ſud-oueſt, & même au ſud-oueſt en certains endroits, ſelon le giſement particulier des terres. Suivant l'examen que j'ai fait d'un très-grand nombre de Journaux de la Navigation des côtes de Guinée & d'Angole à l'Amérique, j'ai remarqué que cette même affection des vents du ſud au ſud-oueſt ſe rencontroit auſſi à une très-grande diſtance de la côte d'Afrique, & qu'en général elle paroît avoir pour bornes du côté de l'oueſt les parages compris entre cette côte, & la ligne qu'on pourroit imaginer du cap de Bonne-eſpérance au cap des Palmes, côte de Guinée.

A la côte du Breſil, les vents généraux y ſont ſujets à des variations périodiques relatives aux ſaiſons; ils y ſoufflent du nord-eſt à l'eſt-nord-eſt depuis Septembre juſqu'en Mars, & du ſud-ſud-eſt à l'eſt-ſud-eſt du mois de Mars à celui de Septembre.

Sur la route que tiennent ordinairement les Vaiſſeaux qui vont de la ligne équinoxiale au cap de Bonne-eſpérance, on remarque encore qu'au-delà du parallèle de 16 degrés, les vents généraux tournent vers le nord, de façon qu'on les voit plutôt venir de l'eſt au nord-eſt que de l'eſt vers le ſud-eſt.

A l'égard des limites de ces mêmes vents, qu'on fixe communément au 28.e degré de latitude, ceci eſt encore une règle générale qui a ſes exceptions, puiſqu'on trouve ſouvent des vents différens avant d'avoir atteint ce parallèle, & quelquefois même en deçà du tropique du Capricorne ; mais pour l'ordinaire, du parallèle de 28 à 40 degrés de latitude ſud, les vents y ſont variables & beaucoup plus inconſtans que dans les mers d'Europe; à peine, en quelque ſaiſon que ce ſoit, les voit-on régner pendant trois jours de ſuite du même côté : on remarque ſeulement que ceux qui y ſont les plus fréquens viennent du nord au nord-oueſt & du nord-oueſt à l'oueſt-ſud-oueſt, & que dès qu'ils s'approchent du ſud, le calme y ſuccède.

Aux environs du cap de Bonne-eſpérance, les vents du ſud-eſt à l'eſt-ſud-eſt ſoufflent quelquefois pluſieurs jours de ſuite ſans interruption.

Comme j'ai traité ſuffiſamment, dans mon Routier des Indes, des vents qui règnent dans les mers orientales, & que ceux qui voudront s'en inſtruire, peuvent y avoir recours; je me diſpenſe de répéter ce que j'ai dit à ce ſujet; j'avertis ſeulement ici que je crois devoir réformer dans l'inſtruction pour aller à la Chine*, ce que j'ai avancé touchant les vents d'oueſt qui règnent au ſud du parallèle de 35 degrés, & de la route qu'on doit tenir en conſéquence; les obſervations qui m'ont été communiquées, jointes à l'expérience que j'ai moi-même acquiſe depuis que j'ai mis cet Ouvrage au jour, m'ont fait connoître que les vents d'oueſt ne ſont pas auſſi conſtans au-delà de 35 degrés que je l'ai ſuppoſé, & qu'on y voit plus ſouvent régner ceux du nord-oueſt au nord

* Colonnes 92 & 93 du Routier *in-folio; Page 204* du Routier *in-4.°* au premier alinea, qui commence par ces mots : *Dans l'Océan oriental méridional; de même.*

&

& du nord au nord-eſt. Je paſſe maintenant à ce qui concerne la route.

INSTRUCTION POUR LA ROUTE.

LORSQU'ON fait voile de l'Orient ou de quelqu'un des autres ports de France ſitués ſur l'Océan, on doit d'abord diriger la route pour paſſer environ à vingt-cinq ou trente lieues du cap de Finiſtère: cette diſtance eſt ſuffiſante en quelque ſaiſon que ce ſoit; on peut même le doubler de plus près, ſuivant les circonſtances; mais de ſa hauteur on cinglera toujours vers l'île de Madère.

Quoique la vue de cette île ne ſoit pas abſolument, dans ce trajet, d'une néceſſité indiſpenſable, il eſt bon cependant d'en prendre connoiſſance, ou de celle de Porto-Santo qui en eſt voiſine, afin de gouverner enſuite avec plus de certitude, ſoit pour paſſer entre les Canaries, ſoit pour les laiſſer du côté de l'eſt, ainſi qu'on le jugera à propos.

Roches au nord quart nord-oueſt de Porto-Santo.

A vingt-huit lieues d'éloignement, au nord quart nord-oueſt de la pointe du nord de l'île de Porto-Santo, il y a pluſieurs roches à fleur d'eau, dont les Cartes ne font point mention; elles ont été vues par le Capitaine Vobonne, de Londres, & par un vaiſſeau de Bordeaux qui alloit aux îles de l'Amérique en 1732: le premier rapporte en avoir diſtingué huit, dont la plus ſud eſt par $34^{d}\ 30'$ de latitude, & la plus nord par $34^{d}\ 45'$; de ſorte que l'étendue de cet écueil eſt de cinq lieues du nord au ſud, & de trois lieues de l'eſt à l'oueſt. Ce Navigateur ajoute que la roche la plus vers le ſud eſt à quarante lieues au nord, 5 degrés eſt de la pointe de l'eſt de Madère.

Trois lieues au nord-eſt du milieu de Porto-Santo, il y a

aussi un banc de roches sous l'eau, sur lequel s'est perdu un vaisseau Hollandois.

Différences à l'est en allant aux Canaries.

Dans le trajet des côtes de France aux Canaries, on trouve très-souvent des différences à l'est, qui proviennent vraisemblablement de la tendance des courans vers le détroit de Gibraltar: quelques vaisseaux ont attéré à la côte de Barbarie, aux environs du cap de Non, lorsqu'ils s'attendoient à voir Ténériffe, ce qui fait une différence de plus de quatre-vingts lieues: d'autres vaisseaux ont vu Alégrance au lieu de Ténériffe; & quoique les erreurs ne soient pas toujours aussi considérables, il est bon d'être sur ses gardes quand on s'estime par la latitude de ces îles, surtout pendant la nuit, lorsqu'un défaut de Lune ou un brouillard épais ne permettent pas d'apercevoir les dangers d'assez loin pour les éviter.

Différences du côté de l'ouest.

Les différences du côté de l'ouest, quoique beaucoup plus rares, ne sont pas sans exemple, & principalement lorsqu'en sortant des ports de France ou d'Angleterre on a eu pendant quelque temps des vents contraires.

On peut passer entre les Canaries & dans les principaux canaux de ces îles, on n'y connoît aucun danger qui ne soit visible.

En partant des Canaries, si on vouloit aller au Sénégal ou à Gorée, la route qui paroît convenir le mieux à cette destination, c'est de prendre connoissance de la côte d'Afrique au cap Blanc, entre 21 & 22 degrés de latitude; & comme cette côte porte sonde à cinq ou six lieues au large, l'attérage n'en est point à craindre, soit de jour, soit de nuit, lorsqu'on aura soin de sonder souvent; on peut même la prolonger jusqu'au cap Blanc*.

* Quelques Cartes marquent un banc qui cerne la côte entre le cap Barbas & le cap Blanc, & qui paroît s'étendre en quelques endroits à trois lieues au large. Les Journaux ne font aucune mention de ce danger; &

De la vue de ce Cap, à trois lieues au large, on fera d'abord valoir la route ſud-ſud-oueſt ſix à ſept lieues, tant pour s'écarter du banc qui git au ſud du cap Blanc, que pour prévenir ou compenſer l'effet des marées, dont le flux porte dans la baie d'Arguin : on gouvernera enſuite au ſud, au ſud-ſud-eſt & au ſud-eſt pour attérer au nord de l'habitation du Sénégal, afin de ne pas la manquer.

quoique j'aie parcouru cette côte à une lieue d'éloignement, je n'en ai eu aucune connoiſſance : on voit ſeulement à ſix ou ſept lieues au nord du cap Blanc un gros rocher environné de quelques autres, mais il n'eſt tout au plus qu'à trois quarts de lieue du rivage.

Une autre Carte à grand point, qui contient la côte d'Afrique depuis le cap de Boſador juſqu'à Serra-leoa, donne à cette côte trente-neuf lieues d'enfoncement entre le cap Blanc & le cap Verd, tandis qu'elle n'en a tout au plus que vingt; & cette erreur eſt d'autant plus importante à la ſûreté de la Navigation, qu'un Vaiſſeau qui feroit uſage de cette Carte pour aller du cap Blanc au Sénégal, aborderoit la côte lorſqu'il s'en croiroit encore à dix-neuf lieues d'éloignement.

Les îles du cap Verd que contient la même Carte, y ſont également très-mal marquées, tant à l'égard de leur latitude qu'à celui de leur grandeur, de leur figure & de leurs giſemens reſpectifs. L'auteur a joint une note au-deſſous du nom de ces îles, par laquelle il avertit que leurs *latitudes & leurs giſemens ne ſont pas connus ;* cette note eſt très-ſage. En effet, il eſt certain que dans tous les Journaux de ceux qui ont fréquenté ces îles, on ne trouve pas un ſeul relèvement qui ſe rapporte à la ſituation que leur donne cette Carte.

Comme ces îles ne ſont pas mieux placées ſur une Carte réduite de l'Océan, qui eſt entre les mains de preſque tous les Marins, & qui a été dreſſée en 1757, il eſt bon d'y faire attention : malgré cela, cette Carte étant plus exacte à beaucoup d'autres égards que les Cartes précédentes, elle mérite la préférence. Les Navigateurs ne devroient pas ignorer que les Cartes ont cela de commun avec les Dictionnaires, que les dernières éditions ſont toujours réputées être les plus correctes : ceux qui ſont chargés de la conduite des Vaiſſeaux, ainſi que ceux qui peuvent y contribuer par leurs conſeils, ne devroient pas négliger de s'en pourvoir & de les conſulter au préjudice des anciennes, dont l'uſage & la comparaiſon ne ſervent qu'à induire en erreur.

Comme il arrive quelquefois que les courans portent vers la côte, il faudra avoir attention, en gouvernant au ſud-eſt pendant la nuit, de ſonder fréquemment, & de mouiller en attendant le jour, ſi on rencontroit le fond à moins de vingt braſſes de profondeur.

Route pour aller à Gorée.

Si on vouloit ſeulement relâcher à l'île de Gorée ſans aborder au Sénégal, de la vue de la côte d'Afrique ou de la ſonde, il faudroit faire route pour prendre connoiſſance du cap Verd, en ſe donnant de garde des courans qui portent dans une eſpèce d'anſe ou enfoncement qui eſt vers le nord, qu'on appelle communément la *baie de Yof.*

Le cap Verd.

Le cap Verd eſt reconnoiſſable par deux montagnes en forme de mamelles qui en ſont voiſines; il eſt eſcarpé du côté du ſud, mais au nord-oueſt de ce cap il y a une baſſe terre qui s'étend d'une lieue à ce rumb de vent, & à ſon extrémité une chaîne de rochers deſſus & deſſous l'eau, qui s'avance d'une demi-lieue en mer, qu'on nomme la *pointe d'Almadie.* Les rochers les plus écartés, ſont préciſément au nord-oueſt quart oueſt, 3 degrés oueſt du cap Verd: cette pointe & la côte qui s'étend de-là au nord-eſt, forment la baie de Yof dont je viens de parler, & dans laquelle il eſt d'autant plus dangereux d'être affalé, que le fond y eſt très-rapide, & par conſéquent peu propre au mouillage; c'eſt pourquoi quand on vient du nord & qu'on a la vue du cap Verd, on ne doit gouverner pour s'en approcher que quand il reſte à l'eſt-ſud-eſt.

Baie de Yof.

Cap Manuel.

On peut ranger la pointe d'Almadie à la diſtance de trois quarts de lieue, & le cap Verd à une moindre diſtance, ſur-tout quand les vents ſont de la partie du nord-nord-eſt. En doublant ce dernier, on découvre le cap Manuel, qui en eſt éloigné de quatre lieues au ſud-eſt, 3 degrés ſud. On rençontre entre l'un

& l'autre les îles de la Magdeleine, dont la plus au nord-ouest est la plus grande: celle du sud-est, qui en est très-proche, n'est qu'un rocher; on peut les ranger à un demi-quart de lieue sans rien craindre: la plus grande paroît traversée par une caverne. Il y a un canal profond à terre de ces îles, dans lequel j'ai passé, en rangeant la plus grande de plus près qu'une pointe basse de la terre ferme qui est vis-à-vis, au pied de laquelle il y a des brisans. Cependant je ne conseille point à un vaisseau de s'engager dans ce détroit.

Lorsque le cap Manuel reste à l'est-nord-est, on aperçoit l'île de Gorée, qui en est éloignée à une demi-lieue à ce rumb de vent: on rangera le cap Manuel, & la roche qui en est au pied, à une portée de boucanier, & on cinglera ensuite pour passer un peu plus loin de la pointe du sud de Gorée, à cause d'une pointe de roches qui s'étend au sud-est d'une bonne portée de fusil.

Mouillage de Gorée.

Comme le mouillage ordinaire des vaisseaux est au nord-est de la pointe du sud de Gorée, & que le vent vient souvent de cette partie, si on ne pouvoit pas s'y rendre à la bordée, il faudroit la continuer vers la terre ferme jusque par douze brasses de profondeur, revirer ensuite, & louvoyer ainsi jusqu'à ce qu'on soit assez au vent pour mouiller à une demi-lieue de l'île par quatorze brasses fond de sable & de vase. Les marques du meilleur endroit, c'est de tenir la pointe du nord de Gorée séparée du cap Manuel de la grandeur d'une voile.

Route pour relâcher à Saint-Yago.

Lorsque les vaisseaux n'ont aucune destination particulière, ni pour le Sénégal ni pour Gorée, & que le besoin d'eau & de rafraîchissement leur fait préférer de relâcher à l'île de Saint-Yago au lieu d'aller reconnoître la côte d'Afrique, il convient mieux qu'en partant des Canaries ils dirigent leur route vers le sud, pour se mettre vingt-cinq ou trente lieues à l'est de l'île Bonavista, &

de la latitude de 16 degrés, qui est celle du milieu de cette île: ils cingleront à l'ouest pour la reconnoître.

Île Bonavista.

L'île de Bonavista ou Bonnevue a sept lieues de longueur du nord-ouest au sud-est, & environ quatre lieues de largeur; son terrein est fort inégal, on y voit plusieurs mornes & montagnes dispersées, avec des vallées & des basses terres au bord de la mer: sa pointe du sud-est est une langue de sable fort basse, dont on n'aperçoit toute l'étendue que quand on en est près.

Erreurs à l'attérage des îles du cap Verd.

Quoiqu'il soit assez naturel de ne pas soupçonner des erreurs d'estime importantes dans le trajet des Canaries aux îles du cap Verd, on en a cependant des exemples, tant du côté de l'est que de celui de l'ouest: c'est par rapport à ces dernières que je conseille de se mettre trente lieues au vent de Bonavista avant de gouverner pour la reconnoître, dans la crainte qu'en faisant route plus directement pour y attérer, on ne passât entre l'île Saint-Nicolas & l'île de Sel; & se trouvant ensuite à l'ouest de Bonavista, lorsqu'on croiroit en être encore à l'est, on ne manquât la relâche de Saint-Yago, ce qui est arrivé à plusieurs Vaisseaux *.

Brouillards fréquens aux environs.

L'attérage à ces îles est souvent difficile, à cause des brouillards qui sont très-fréquens aux environs, & ces mêmes brouillards sont souvent les indices de leur proximité; c'est pourquoi quand on vient du nord on doit naviguer en ce parage avec toute la prudence possible.

* Je me suis trouvé dans un cas pareil en Décembre 1750, sur le vaisseau le *Glorieux*, que je commandois: je passai pendant la nuit, sans le savoir, entre l'île de Sel & celle de Saint-Nicolas, par l'effet d'une différence d'estime de quatre-vingts lieues à l'ouest. Ayant fait route ensuite à l'ouest de la hauteur de Bonnevue, j'aurois traversé ces îles sans en voir aucune, si l'observation que je fis de l'éclipse de Lune du mois de Décembre, ne m'avoit fait connoître mon erreur: lorsque j'en fus certain je cinglai vers le sud, & la vue de l'île de Feu me la confirma: à la vérité je n'avois vu ni Madère ni les Canaries.

Entre Bonnevuë & Saint-Yago, dont la distance est d'environ vingt lieues, & le gisement au sud-ouest, il y a un banc de rochers très-dangereux à six lieues de Bonnevue, auquel le Routier portugais donne deux encablures de longueur & une de largeur. Banc de roches entre Bonnevue & Saint-Yago.

L'île de Mai est à quatorze lieues au sud-sud-ouest de Bonnevue; son terrein s'élève principalement vers le milieu: à sa pointe du nord, il y a une chaîne de rochers qui s'avance près de trois quarts de lieue en mer. Quand on traverse de Bonnevue à Saint-Yago, & qu'on est obligé de louvoyer pendant la nuit, il faudra prendre garde de l'approcher, de même que le banc de rochers dont on vient de parler. Île de Mai.

Après avoir doublé la pointe du nord de l'île de Mai, on cinglera au sud-ouest pour accoster Saint-Yago, & on prolongera la côte jusqu'à la rade de la Praye, qui est le mouillage ordinaire.

Trois lieues avant d'y arriver, on voit une anse bordée de cocotiers avec quelques maisons; elle ressemble à l'anse de la Praye: plusieurs Vaisseaux, trompés par cette apparence, se sont trouvés en risque de se perdre sur les dangers qu'elle renferme. Quoique le fort de la Praye, situé sur une monticule, soit un indice pour distinguer l'une de l'autre, la marque la plus certaine, c'est que la pointe du nord ou de l'est de cette fausse baie est basse & cernée de brisans, au lieu que celle de la Praye, qui suit celle-ci, est haute, escarpée & sans écueils. On doit toujours ranger celle-ci de près pour aller au mouillage; le pavillon du fort doit rester au nord-ouest, 3 à 4 degrés nord du compas, & la pointe de l'ouest de l'anse, à l'extrémité de laquelle on voit briser un récif, restera alors à l'ouest-sud-ouest. Fausse baie de la Praye. Mouillage de la Praye.

Au dedans de cette baie ou anse, & du côté de l'ouest, il y a un îlot nommé l'*île aux Cailles*, & par-dessus les terres de la grande île, on découvre pendant la nuit le volcan de l'île de Feu. Je l'ai relevé de cette rade à l'ouest du Monde. Iles aux Cailles. Volcan de l'île de Feu.

Il convient toujours mieux de mouiller plus près de la côte du nord & de l'eſt que de cet îlot aux Cailles, pour la facilité d'appareiller ſans courir riſque d'être porté par les courans ſur la pointe de roches de bas-bord, avant que le vaiſſeau ait acquis aſſez d'erre pour s'en écarter.

On peut auſſi paſſer au ſud de l'île de Mai pour aller à la rade de la Praye; il ſuffira, après avoir doublé la pointe du ſud de cette île, de gouverner pour attérer au vent de la pointe de l'eſt de la Praye.

Route que doivent tenir les Vaiſſeaux qui continuent directement leur traverſée ſans relâcher.

La route la plus convenable aux Vaiſſeaux qui continuent leur traverſée ſans relâcher aux îles du cap Verd ni à Gorée, c'eſt de gouverner de la vue des Canaries pour paſſer à quarante-cinq lieues au large du cap Blanc: de cette poſition on fera valoir la route le ſud juſque par 12 degrés de latitude nord, & enſuite le ſud-eſt quart ſud, juſqu'à la rencontre des vents variables qui ſuccèdent aux vents alizés; par ce moyen, on tiendra le mi-canal entre les îles & le cap Verd, & on prolongera la côte d'Afrique, qui git au-delà de ce Cap à une diſtance toujours ſuffiſante, quand bien même on auroit une erreur de quinze ou de vingt lieues à l'eſt. Je crois qu'il eſt inutile de prévenir des modifications ou changemens dont cette route ſeroit ſuſceptible dans le cas d'une plus grande différence à l'eſt: au ſurplus, comme la ſonde de la côte d'Afrique au-delà du cap Verd s'étend aſſez au large pour qu'on puiſſe en reconnoître la proximité, on préviendra, par cette précaution, les divers incidens qu'on ne peut pas prévoir ici.

Réfutation de l'opinion de ceux qui paſſent la ligne équinoxiale plus à l'occident qu'on ne le doit.

Les Navigateurs, qui du parallèle de 12 degrés de latitude nord & dans l'éloignement de ſoixante ou ſoixante-dix lieues de la côte d'Afrique, ſe contentent de gouverner au ſud quart ſud-eſt & de couper la ligne équinoxiale par 20 degrés de longitude à l'occident de Paris; ces Navigateurs, dis-je, ne font pas attention

attention à la situation respective de l'endroit d'où ils partent à celle du lieu où ils vont, ainsi qu'aux vents qu'ils sont certains de rencontrer entre l'un & l'autre; un coup d'œil sur la Carte suffit pour s'en convaincre.

Je suppose pour un moment, qu'on pût traverser, du parage dont il est question, au cap de Bonne-espérance sans aucune opposition de la part des vents, la route la plus directe seroit sans doute celle qui conduit à passer la Ligne par 11 degrés de longitude: or, puisqu'il est certain que les vents qui y mettent obstacle viennent de la partie de l'est *, on doit donc plutôt s'élever de ce côté-là que de s'en éloigner de cent quatre-vingts lieues plus à l'ouest. Ceux qui dirigent ainsi leur route, agissent au contraire de la maxime la plus généralement reçue dans la Navigation, qui consiste à se mettre plutôt au vent que sous le vent des endroits où l'on veut aller. Voici ce qui a donné lieu à s'en écarter.

Lorsque les voyages aux Indes étoient rares, ceux qui dressoient les Cartes hydrographiques à cet usage, pour se conformer à l'opinion de ceux à qui deux voyages suffisoient pour faire respecter leurs préjugés, même les plus ridicules, avoient coutume d'y tracer des bornes par des traits, & on ne pouvoit aller au-delà, selon eux, sans s'exposer à des évènemens préjudiciables au succès des voyages.

L'une de ces bornes répondoit à 30 degrés de notre longitude occidentale, & l'autre au 13.e degré. La première indiquoit que si on passoit la Ligne plus à l'ouest, on couroit risque de ne

* Indépendamment des vents généraux de sud-est & d'est-sud-est, dont la région occupe une grande partie de cet intervalle, les vents variables entre les vents alizés & ceux-ci, si on en excepte les mois de Juillet, Août & Septembre, soufflent plus souvent de l'est que de l'ouest.

pouvoir doubler la côte du Bresil; & la seconde, qu'en passant la Ligne par moins de 13 degrés, on y trouvoit des calmes de longue durée & des courans qui portoient rapidement vers le Gabon.

Le premier de ces deux inconvéniens est le seul que l'expérience justifie; quant au second, on ne trouve pas un seul exemple qui y soit favorable. La navigation aux côtes d'Angole & de Guinée, fournit actuellement un assez grand nombre de moyens de comparaison pour se convaincre du contraire; au lieu que dans ces temps reculés, ces sortes de voyages étoient presqu'aussi rares que ceux des Indes, & peut-être se trouvoit-il encore plus rarement de ces hommes assez bien intentionnés pour sacrifier gratuitement leurs veilles & leurs travaux à l'intérêt du bien public. Quoi qu'il en soit, si de tels courans & de pareils calmes avoient lieu, on ne verroit aucun Vaisseau qui eût pu remonter la côte de Guinée, ni se rendre de l'île du Prince ou de Saint-Thomé aux îles de l'Amérique, tandis qu'on voit tous les jours le contraire, & en toutes saisons; & quand on examine les Journaux de leur traversée, on n'en trouve pas un seul qui ait manqué de vent dans les parages mêmes qu'on avoit supposé être les plus sujets aux calmes. Si la solidité des preuves de raisonnement dépend des faits qu'on peut rapporter pour les soutenir, on en trouvera plus qu'il n'en faut à cet égard, en consultant les Journaux, & l'on verra en même temps que les courans qui vont vers le Gabon, n'ont lieu qu'au-delà du cap des Trois-pointes.

Le sentiment des Navigateurs qui passent la Ligne à l'ouest du 20.e degré, sous prétexte d'y trouver plus de vent, est également mal fondé; & quoique j'en aie été autrefois partisan, le grand nombre des exemples contraires m'oblige à penser maintenant très-différemment: au reste, quelques anciens que soient les préjugés que je viens de combattre, on doit leur préférer les connoiſſances plus récentes & plus parfaites que donne l'expérience : une fauſſe opinion ne change jamais de nature, & l'erreur eſt toujours erreur, de quelque laps de temps qu'on puiſſe l'appuyer. Je reprends la ſuite de la route que j'ai indiquée, dont cette diſcuſſion m'a écarté.

Route de Saint-Yago ou de Gorée vers la Ligne.

Les Vaiſſeaux qui feront voile de Saint-Yago, gouverneront au ſud-eſt juſque par 12 degrés de latitude, enſuite au ſud-eſt quart ſud juſqu'aux vents alizés *. Quant à ceux qui partent de Gorée, ils cingleront au ſud-ſud-oueſt s'ils veulent s'écarter de la côte juſqu'au parallèle de 10 degrés, & de-là au ſud-eſt quart ſud.

Route qu'on doit faire pour paſſer promptement la ligne équinoxiale.

Lorſque les vents variables ſuccèdent aux vents alizés, la meilleure manœuvre qu'on puiſſe faire pour couper promptement la ligne équinoxiale, c'eſt de profiter de la variété des premiers pour atteindre le plus vîte qu'on le pourra le parage ordinaire des vents généraux, & pour cet effet de tenir indifféremment la bordée qui mène le plus vers le ſud, ſans s'attacher à paſſer la Ligne par aucun point déterminé, pour ne pas augmenter inutilement la durée de la traverſée. Ce que j'ai dit précédemment ne regarde que les Vaiſſeaux qui ſeroient favoriſés des vents juſqu'à la Ligne; j'invite ſeulement les autres de préférer aux environs la route de l'eſt-ſud-eſt à celle de l'oueſt-ſud-oueſt.

Précaution que l'on doit prendre lorſqu'en partant de France, on ne reconnoît point l'île de Madère ou les Canaries.

Si les circonſtances ne permettoient pas en partant de France ou d'Angleterre, de prendre connoiſſance de Madère ou de Porto-Santo, il faut au moins, pour vérifier l'eſtime de la longitude, faire ſon poſſible pour voir ou l'île de Palme ou l'île de Fer,

* J'avertis en général que dans cette inſtruction, lorſque je fixe un rumb de vent, ou bien que je dis faire valoir la route tel ou tel rumb de vent, j'entends la route corrigée de la variation & de la dérive : par exemple, ſi dans le cas dont il s'agit, l'une & l'autre faiſoient prendre à la route un quart plus vers l'eſt, il eſt cenſé qu'au lieu de gouverner au ſud-eſt quart ſud, il faudroit porter au ſud-ſud-eſt.

qui ſont les plus occidentales des Canaries; ſinon quand de la hauteur de ces îles on cingle vers le ſud, on doit aux environs des îles du cap Verd naviguer avec une extrême précaution, dans la crainte de les rencontrer inopinément. Au ſurplus, dans quelque circonſtance que ce ſoit, je ne conſeille point d'en paſſer du côté de l'oueſt, ce ſeroit très-mal-à-propos alonger la route, & le paſſage à l'oueſt ne doit tout au plus avoir lieu, même en temps de guerre, que quand on eſt moralement certain de rencontrer les ennemis aux environs de ces îles.

Erreur des cartes ſur la ſituation des îles du cap Verd.

J'ai ci-devant fait obſerver en général, à la note de la *page 11*, que les îles du cap Verd étoient très-mal marquées ſur des Cartes modernes que j'ai indiquées, ſur-tout à l'égard de la latitude; j'aurois pu ajouter, de même que ſur pluſieurs autres Cartes, mais comme celles dont j'ai parlé, ſont ou doivent être maintenant préférées aux Cartes de Pietergoos & de Vankeulen, qui leur ſont beaucoup inférieures; c'eſt aux premières que je dois référer mes remarques. Je dirai donc ici que la latitude où elles ſuppoſent les îles Saint-Antoine, Saint-Vincent, Sainte-Lucie & Saint-Nicolas, qui ſont les plus ſeptentrionales, eſt fort différente de celle où on doit les placer. Suivant les Journaux & les Mémoires que j'ai examinés à cet égard, la latitude de la pointe du nord de l'île Saint-Antoine, d'où dépend celle des autres, ne va pas au-delà de 17^d 12', au lieu que ſur une Carte de 1742, elle eſt par 17^d 55'; & ſur une autre de 1757, qui eſt la dernière, on l'a placée par 17^d 27 à 28': cette erreur & la préférence qu'on donna mal-à-propos à la Carte de 1742 ſur celle de 1757, furent la principale cauſe du naufrage du Vaiſſeau de la Compagnie des Indes, le *Dromadaire*, ſur la partie du nord-eſt de l'île Saint-Vincent, vu qu'il croyoit avoir paſſé ſa latitude avant la nuit.

La pointe du nord de l'île Saint-Yago est par 15^d 18' au plus, & non pas par 15^d 50' comme elle est tracée sur la Carte de 1757. J'ai pour garans une latitude observée à la vue de cette pointe, & une course faite par le parallèle de 15^d 40' sans la rencontrer ni l'apercevoir.

J'ai aussi observé en rade de la Praye, qui est à la partie du sud de Saint-Yago, 14^d 42' de latitude au lieu de 15 degrés que lui donne la Carte.

Route pour relâcher à la côte du Bresil.

Les Vaisseaux qui ont dessein de relâcher à la côte du Bresil, soit à la baie de tous les Saints, soit à Rio-Janeiro, ou bien à l'île Grande, peuvent couper la Ligne par 25 à 26 degrés de longitude occidentale, & diriger leur route vers l'endroit où ils veulent aborder, en faisant attention, pour attérer, aux vents périodiques qui soufflent sur cette côte & qui y déterminent ordinairement la direction des courans ou vers le nord ou vers le sud.

Vents & courans périodiques à la côte du Bresil.

Ces vents règnent du sud-sud-est & de l'est-sud-est depuis le mois de Mars jusqu'au mois de Septembre, & alors les courans vont du côté du nord. Au contraire, depuis le mois de Septembre jusqu'en Mars, les vents qui viennent du nord-est & de l'est-nord-est, font prendre aux eaux leur cours vers le sud; c'est pourquoi, dans le premier cas, on doit attérer au sud de l'endroit où l'on veut aller, & du côté du nord dans le second cas.

Inconvéniens de cette relâche.

Je ne puis m'empêcher d'observer ici que les relâches à la côte du Bresil sont extrêmement préjudiciables aux voyages des Indes & de la Chine; on s'expose à manquer la destination principale par le retardement qu'elles occasionnent, sur-tout lorsque le temps du trajet est limité, ou du moins on risque à y arriver plus tard qu'il ne convient. On peut ajouter à cette raison celle de la perte des sujets par les maladies épidémiques, qui sont souvent les suites de cette relâche; c'est pourquoi j'estime qu'on doit y préférer

On doit préférer la relâche au cap de Bonne-espérance ou à la baie de Falſe.

celle du cap de Bonne-eſpérance lorſque la ſaiſon le permet; l'air y eſt beaucoup plus ſalubre, les vivres en plus grande abondance, ainſi qu'à meilleur compte; & dans le cas d'un dégréement on y trouve plus de reſſources. Je ne prévois que deux motifs qui peuvent faire opter en faveur du Breſil, la néceſſité abſolue de caréner & la diſette extrême de l'eau.

On ſait que l'abord n'eſt interdit au cap de Bonne-eſpérance, à cauſe du mauvais temps, que depuis le 15 de Mai juſqu'à la fin d'Août, encore peut-on alors aller à la baie de Falſe, qui en eſt voiſine & dans laquelle on eſt en ſûreté pendant cette ſaiſon.

Hauts fonds & écueils vers la Ligne.

On ſoupçonne quelques hauts fonds au ſud de la ligne équinoxiale, vers les parages où on la paſſe pour aller au Breſil, ainſi que ſur ceux qu'on fréquente mal-à-propos au retour des Indes. Voici ce qui eſt rapporté à ce ſujet dans les Journaux.

Le 5 Février 1754, on reſſentit ſur le vaiſſeau le *Silhouette*, commandé par M. Pintault, une ſecouſſe ou tremblement extraordinaire, comme ſi le Vaiſſeau avoit touché ſur un haut fond: il étoit alors 5 heures après midi; & ſuivant la latitude qu'on avoit obſervée le même jour, ce danger ſeroit 20 minutes au ſud de la Ligne, & par $23^d\ 10'$ de longitude occidentale, ſuivant l'eſtime continuée ſur la Carte françoiſe depuis la rade de la Praye en l'île de Saint-Yago.

Le 13 Avril 1758, la frégate la *Fidèle*, Capitaine M. le Houx, étant auſſi par 20 minutes de latitude ſud & par $23^d\ 20'$, de longitude, reſſentit de ſemblables ſecouſſes.

Le 3 Mai 1761, le vaiſſeau le *Vaillant*, Capitaine M. Bouvet, vit une petite île de ſable à une heure après midi, elle reſtoit au nord quart nord-eſt; la latitude eſtimée à midi, étoit de 23 minutes ſud, & la longitude eſtimée depuis la vue de l'île de Fer, que ce Vaiſſeau avoit reconnue le 8 Avril, étoit de 21^d $30'$.

Le 17 Octobre 1747, le vaiſſeau le *Prince*, Capitaine M. de Beaubriant, en allant aux Indes, reſſentit une ou deux ſecouſſes, comme s'il eût touché ſur un haut fond; il étoit alors par 1^d $35'$ de latitude ſud, & par 20^d $10'$ de longitude, eſtimée depuis la vue de l'île Brave, en attérant au cap Frio que ce Vaiſſeau reconnut quelques jours après: ſa longitude s'accordoit à la ſituation réelle de ce Cap*.

Quand on fait route vers la côte du Breſil, ſi on aperçoit l'île Fernande de Noronha, il faut prendre garde que cette île n'eſt éloignée que de ſoixante-deux lieues du cap Saint-Roch, & non pas de cent cinq lieues comme elle eſt marquée ſur quelques Cartes: cette erreur a penſé cauſer la perte du vaiſſeau le *Vengeur* en 1757. Iſle Fernande de Noronha.

J'ai dit ci-devant que les vents généraux s'étendoient du côté du nord de la Ligne, & les Vaiſſeaux qui vont aux Indes les rencontrent preſque toujours entre 1 & 2 degrés de cette latitude; c'eſt pourquoi ceux qui veulent continuer la traverſée, ſans aborder à la côte du Breſil, doivent pour cet effet profiter de ces mêmes vents pour cingler d'abord le plus près du ſud qu'il eſt poſſible & enſuite vers l'eſt, ſans toutefois tenir exactement le plus près du vent. On ſait que dans les longs trajets, lorſque l'éloignement des terres le permet, il eſt plus avantageux de faire courir un ou

* La ſituation de Rio-Janeiro, tant en latitude qu'en longitude, a été exactement déterminée en 1751, par les obſervations de M.rs Godin, de la Caille & les miennes; ainſi l'entrée de cette baie eſt par 45 degrés de longitude occidentale, méridien de Paris. Comme le cap Frio, ou l'îlot qui le forme, eſt d'un degré plus oriental, il s'enſuit que ce cap eſt par 44 degrés. A l'égard de la latitude, ſuivant l'obſervation que j'en ai faite étant eſt & oueſt de ce cap, il eſt ſitué par 22^d $54'$ méridionale.

deux quarts largue, & qu'on gagne plus en vîtesse qu'on ne perd sous le vent.

Isle de la Trinité.

Si les vents conduisoient tellement à l'ouest, qu'on eût connoissance de l'île de la Trinité, on pourroit passer entr'elle & les quatre îlots ou rochers, qui en sont distans de huit lieues à l'est quart nord-est, ou bien à l'ouest de tout, suivant la situation où l'on se trouveroit & les vents qui règneroient. Cette île est à deux cents vingt-quatre lieues du cap Frio, par $20^{d}\ 25'$ de latitude & par $32^{d}\ 45'$ de longitude occidentale; son terrein est fort inégal, & n'est, à le bien prendre, qu'un amas de rochers avec quelques arbrisseaux dans les vallées; le mouillage est du côté de l'ouest à une portée de mousquet du rivage, par dix-huit à vingt brasses de profondeur : on voit de ce côté-là un haut rocher en forme de pyramide; quoiqu'il paroisse confondu avec l'île quand on vient du large, il en est cependant séparé par un canal dans lequel une chaloupe peut passer. On trouve de l'eau douce sur l'île de la Trinité, mais la descente au rivage est fort difficile à cause du ressac de la lame*.

Après

* Cent lieues ou environ à l'ouest de celle-ci, & par conséquent à cent vingt-quatre lieues de la côte du Bresil, il y a une autre île à laquelle les Cartes, ainsi que les Routiers, donnent le nom d'*Ascension:* voici ce qu'en dit le Routier portugais; « l'île » de l'Ascension est par la même lati- » tude (que la Trinité) & distante de » cent vingt lieues de la côte du Bresil; » elle fut découverte par *Jean de Nove,* » en allant aux Indes en 1501 : elle » est très-haute, & du côté du nord » il y a une anse dans laquelle tombe une rivière d'eau douce; joint à cette « anse, il y a une caverne où la mer « entre; elle est située au pied d'une « haute montagne, en forme de pic « ou pain de sucre, qui répond à « peu-près au milieu de l'île. On voit « à la partie de l'est une autre mon- « tagne à peu-près de la même forme, « mais moins élevée, & ces deux « montagnes sont les plus hautes de « cette île. Du côté de l'ouest, il y « a cinq petits îlots ou rochers, dont « le plus au large est le plus élevé & « le plus apparent; il ressemble à un « » Vaisseau

Après avoir passé la hauteur de l'île de la Trinité, comme les vents variables qu'on trouve au-delà soufflent plus fréquemment & plus long-temps de la partie du nord que de celle du sud, on ne doit point en allant vers le cap de Bonne-espérance, s'élever par une haute latitude sous prétexte d'y trouver des vents plus constans de la partie de l'ouest. J'ai déjà remarqué, & je le répète ici, que l'expérience est absolument contraire à cette supposition; ce n'est qu'en approchant du cap de Bonne-espérance, & tout au plus deux cents lieues en-deçà quand on veut le doubler, qu'on peut se maintenir entre 35 & 36 degrés de latitude, à cause des

Route qu'on doit tenir de la hauteur de l'île de la Trinité au cap de Bonne-espérance.

» Vaisseau à la voile. Cette île est » déserte, couverte d'arbrisseaux d'é» pines; il y a beaucoup d'oiseaux & de poissons. »

Malgré le cas qu'on doit faire d'une description aussi circonstanciée, plusieurs Navigateurs ont cru que cette île étoit la même que la Trinité, que l'inégalité de son terrein fait apercevoir sous autant de formes différentes qu'on change de situation à son égard; & j'ai même été de ce sentiment, ayant remarqué que plusieurs de ceux qui disent avoir vu l'Ascension, n'ont pu voir que la Trinité, vu le chemin qu'ils ont fait ensuite jusqu'au cap de Bonne-espérance; mais son existence vient d'être confirmée par M. Duponcel de la Haye, qui commandoit la frégate la *Renommée*, expédiée de l'île de France pour aller à Rio-Janeiro. Ce Navigateur, qui a bien voulu me communiquer son Journal, rapporte que le 4 Juin 1760, il eut connoissance des islots ou rochers qui sont à l'est quart nord-est de la Trinité, & les rangea à la distance d'environ deux à trois lieues; il en distingua six dont un de moyenne grandeur, & les cinq autres de simples rochers: il aperçut ensuite l'île de la Trinité, & en passa du côté du nord. De la vue de cette île, ayant continué sa route vers l'ouest le 8 Juin, il reconnut l'île de l'Ascension, & y distingua une montagne ou élévation qui a à peu-près la forme d'une cheminée. Suivant le chemin qu'avoit fait ce Navigateur, cette île seroit éloignée d'environ cent lieues à l'ouest de la Trinité, & sa latitude de 15 minutes plus méridionale; ce qui se trouve d'ailleurs conforme aux remarques qui m'ont été envoyées sur cette île, depuis la première impression de ce Mémoire.

La frégate la *Renommée*, après avoir cinglé encore environ cent vingt lieues à l'ouest, attéra au cap Frio, & de-là se rendit à Rio-Janeiro. La capacité du Navigateur que je viens de citer, rend ce rapport encore plus authentique; & je crois devoir plutôt vents de ſud-eſt qui ſoufflent fréquemment en ces parages.

Iſles de Triſtan d'Acunha.

Après avoir quitté ceux qui ſemblent être les plus ordinaires aux vents généraux, ſi la route prend beaucoup plus du ſud que je ne le ſoupçonne ici & qu'on ait connoiſſance des îles de Triſtan d'Acunha, il convient d'en paſſer au large, quoique pluſieurs Vaiſſeaux aient paſſé entr'elles ſans y rencontrer de danger: les canaux qu'elles forment ne ſont pas aſſez bien connus pour y naviguer avec ſûreté.

Ces îles ſont ſituées entre 37^{d} 10′ & 37^{d} 45′ de latitude méridionale, & environ 33 degrés à l'occident du cap de Bonne-

déférer à cette autorité récente, qu'aux ſoupçons qui m'ont fait juſqu'ici penſer autrement.

Il n'en eſt pas ainſi des îles Martinvaz, que les Cartes & le Routier portugais placent cent vingt lieues à l'eſt de l'île de la Trinité; ils en diſtinguent quatre, dont trois ſous le nom de *première, ſeconde, troiſième Martinvaz*, & l'autre ſous celui de *Sancta-Maria-d'Acoſta*, qui ſeroit de quatre-vingts lieues plus à l'occident; ils placent leur latitude entre 20 & 21^{d} 15′. Pietergoos, ſur la foi des anciens Routiers portugais, les trace entre 18^{d} 50′ & 20^{d} 15′.

Les bateaux l'*Hirondelle* & l'*Oiſeau*, en 1731, ont parcouru de l'eſt à l'oueſt, par ordre de la Compagnie, le parallèle entre 19 & 20 degrés de latitude, pour chercher les *Martinvaz*, ſans aucun ſuccès.

M. Deſloſiers-Bouvet, en partant du cap de Bonne-eſpérance en 1739, a ſuivi le parallèle de 20^{d} 30′ juſqu'à l'île de la Trinité, ſans en voir aucune autre.

En 1752, partant du même endroit, ſur le vaiſſeau les *Treize-Cantons*, que je commandois, j'ai parcouru, avec toute la précaution qu'exigent les découvertes, & principalement avec celle de ne faire route que pendant le jour, le parallèle de 20^{d} 50′ à 21^{d} 15′, l'eſpace de ſept cents vingt lieues, d'un temps très-ſerein, juſqu'à quatre-vingts lieues de la côte du Breſil, & je n'ai vu ni les *Martinvaz* ni aucun indice qui m'en pût faire ſoupçonner la proximité; j'étois cependant pourvu d'inſtructions des Portugais qui en aſſuroient l'exiſtence, de même que la ſituation, & qui aſſuroient qu'on pouvoit aiſément les apercevoir à quinze lieues de diſtance d'un beau temps. On pourra voir le détail & les circonſtances de cette Navigation dans le quatrième volume des Mémoires préſentés à l'Académie des Sciences, par divers Savans.

espérance, c'est-à-dire à 16^d $30'$ ou 17 degrés de longitude occidentale, méridien de Paris, suivant le résultat moyen des routes des Vaisseaux. Elles sont au nombre de cinq, & la plus haute se peut aisément découvrir de vingt à vingt-cinq lieues en mer: on verra dans la note suivante * ce qu'en dit le Pilote

* *DESCRIPTION de l'île Tristan d'Acunha*

L'île Tristan d'Acunha est par 37^d $7'$ de latitude sud, & environ par $10^d \frac{1}{2}$ de longitude du cap Lézard (c'est sans doute de la plus grande dont le Pilote anglois entend parler); ses terres sont basses; à un demi-mille de la côte on trouve treize à quatorze brasses de fond, & toujours en diminuant plus on approche, jusqu'à trois brasses près de terre: le fond n'est ni sale ni mauvais, sinon un peu au large des pointes: dans quelques endroits il est très-difficile de débarquer, y ayant tout contre terre de gros arbres qui croissent sous l'eau, dont la tige vient presqu'à la surface de la mer; de sorte qu'en allant à terre on est contraint de ramer à force de bras pour se débarrasser de cette espèce de marais. On trouve de l'eau douce à une petite portée de fusil du rivage, mais le terrein qui y conduit est très-pierreux, de façon qu'il n'est guère possible d'embarquer l'eau qu'on y fait, à moins de mâter les futailles pour les renverser bout sur bout, & pour cet effet il faut les manier avec dextérité.

On trouve dans cette île quantité de tortues, dont beaucoup sont de la grosseur des veaux marins: comme elles ne font aucune résistance, on peut ou les prendre vivantes, ou bien les assommer à coups de haches. Il y a aussi beaucoup de bois, & parmi les rochers nombre de sources; on peut dans quelques endroits mettre à terre: on n'y trouve ni cochons, ni chèvres, ni aucune créature qui ait vie, si ce n'est la tortue & une espèce extraordinaire d'oiseaux qui marchent perpendiculairement.

Nota. Qu'à trois ou quatre milles de cette île, on ne trouve plus de fond, même à cent brasses.

*EXTRAIT du Journal de la frégate du Roi l'*Adelaïde, *commandée par M. Houssaye, armée à Toulon en 1711, allant aux Indes avec les vaisseaux du Roi l'*Éclatant *&* le Fendant, *commandés par M. le Chevalier de Roquemador.*

Le 26 Mars 1712, à 11 heures du matin, on vit les îles de Tristan d'Acunha; d'abord on en vit deux qui restoient à l'est & est quart sud-est du compas, dans un éloignement anglois, *page 15, col. 1*, & l'Extrait du Journal d'un Vaiſſeau qui les a reconnues en allant aux Indes. Les approches de ces îles ſe manifeſtent ſouvent par de grandes branches de goimon qu'on voit flotter ſur l'eau, & qu'on rencontre quelquefois fort loin en mer.

qu'on jugea être de vingt à vingt-deux lieues: ces îles ſont hautes, la plus occidentale l'eſt moins que la plus grande, qui en eſt éloignée de trois lieues à l'eſt; la première paroît avoir environ une lieue & demie d'étendue, & la ſeconde, qui eſt la plus grande, trois lieues & demie: on les approcha à cinq ou ſix lieues, & on remarqua qu'elles ſont arides & eſcarpées. La première forme un gros morne, aſſez ſemblable pour l'apparence à un tas de foin, & ſuivant ſon élévation, on peut la découvrir de vingt-cinq lieues en mer. On obſerva le même jour à midi 37^{d} 15′ de latitude méridionale.

Les vents n'ayant pas permis de paſſer au nord de ces îles, les Vaiſſeaux les rangèrent du côté du ſud: en les approchant, la couleur de la mer ſembloit manifeſter la proximité du fond, mais on négligea de s'en aſſurer.

A 5 heures après midi, ayant approché ces îles, on en aperçut une autre, éloignée de cinq à ſix lieues au ſud-eſt, qui paroiſſoit plus petite, d'une forme ronde & moins élevée, & l'on en vit encore deux autres plus petites & plus baſſes que celle-ci, qui en ſont à l'eſt quart nord-eſt & à l'eſt peu éloignées. Les Vaiſſeaux paſſèrent au ſud des unes & des autres, qui leur parurent au nombre de cinq: à 10 heures du ſoir, on étoit nord & ſud de la troiſième, dans l'éloignement de cinq à ſix lieues; on la diſtinguoit parfaitement, ſans toutefois apercevoir celles de l'eſt qui ſont bien plus baſſes.

EXTRAIT du Journal du vaiſſeau le Roüillé.

Le 9 Mars 1755 à midi, on obſerva 36^{d} 49′ de latitude ſud; & ayant fait juſqu'à 5 heures $\frac{3}{4}$ du ſoir neuf lieues deux tiers au ſud-ſud-eſt 4 degrés eſt, on aperçut deux îles, l'une au ſud quart ſud-eſt deux lieues, & l'autre à l'oueſt quart nord-oueſt 5 degrés nord, environ cinq lieues; quelques perſonnes crurent voir des briſans du ſud-oueſt au ſud-oueſt quart ſud. Les vents ſoufflant alors du nord-oueſt bon frais, on tint le plus près du vent à bas-bord, cinglant au nord-eſt & nord-eſt quart nord, un ris dans chaque hunier. A 8 heures $\frac{1}{4}$ du ſoir, ayant fait environ quatre lieues un tiers audit rumb, on vit la terre vers l'avant, qui paroiſſoit haute, & s'étendre depuis le nord juſqu'au nord-eſt quart eſt.

En cinglant vers le cap de Bonne-espérance, la variation, quand on peut l'observer, est d'un grand secours dans ces mers pour connoître à peu-près la distance où l'on est de ce Cap: je l'ai observée en 1752 de 19 degrés nord-ouest dans la rade de Table-baye, & je la crois actuellement de plus de 20 degrés; elle augmente en allant vers l'est, & diminue au contraire du côté de l'ouest.

Utilité qu'on peut retirer de l'observation de la variation.

Les Vaisseaux qui veulent relâcher au cap de Bonne-espérance, auront attention d'attérer toujours au sud de l'entrée de la baie, qui est par $33^d\ 52'$ de latitude, & jamais du côté du nord, à cause des vents de la partie du sud qui y règnent souvent & des courans qui portent toujours vers le nord: plusieurs Vaisseaux, faute de cette précaution, qui est essentielle, ont été portés vers l'île d'Assem, située cinq lieues au sud quart sud-ouest de la baie de Saldagne, & onze lieues au nord-ouest quart nord 5 degrés

Précautions que l'on doit prendre pour attérer au cap de Bonne-espér. quand on y veut relâcher.

Le *Roüillé* vira de bord sur le champ & louvoya à bord sur bord pendant le reste de la nuit, en règlant chaque bordée à trois lieues.

Au lever du Soleil on aperçut trois islots, qui restoient du sud-ouest 5 degrés sud au sud-ouest 5 degrés ouest dans l'éloignement de cinq lieues: l'auteur du Journal ne croit point que l'île qu'il avoit relevée le soir précédent, à l'ouest quart nord-ouest 5 degrés nord, fût aucune de celles qu'il voyoit. La pointe de l'île de Tristan d'Acunha, qui paroissoit la plus vers l'est, restoit au nord-est quart nord 2 degrés nord: la partie la plus ouest au nord quart nord-ouest, la plus avancée au sud, restoit au nord quart nord-est environ trois lieues, & une cascade d'eau qui tomboit du haut de la montagne dans la mer avec beaucoup de rapidité, restoit au nord 5 degrés est. La route fut dirigée à l'est à 6 heures du matin; les vents souffloient alors du nord-ouest par raffalles, & pluie continuelle.

L'île de Tristan d'Acunha leur parut aussi élevée que l'île de Bourbon; le bord paroissoit escarpé, on n'y distinguoit point de bois ni d'endroit où l'on pût descendre: à 8 heures du matin, la partie de l'est de cette île restoit au nord, distante de quatre lieues: on avoit sondé à une lieue d'éloignement sans rencontrer le fond à cent brasses de profondeur.

nord du Monde, de l'entrée de la baie du Cap; ils n'ont pu y arriver qu'après avoir louvoyé plusieurs jours.

L'île d'Assem est plus basse que l'île Robben; elle a des brisans qui s'avancent de presque une demi-lieue en mer; le mouillage est du côté de la terre ferme.

Pour entrer à Table-baye, & pour en sortir.

La passe pour entrer à Table-baye, est au sud de l'île Robben, en rangeant de plus près la pointe de la terre ferme qui est à tribord que l'île, à cause d'une roche à fleur d'eau, nommée la *Baleine*, qui est aux deux tiers du canal vers le nord. Comme il y a presque toujours des Vaisseaux dans cette baie, on ne peut guère se tromper pour le mouillage.

En sortant de Table-baye, il faut, au contraire de ce qui a été dit pour y entrer, passer toujours au nord de l'île Robben; ceux qui, sous prétexte du plus court chemin, ont tenté de sortir par la passe du sud, ont été en danger & obligés de retourner par celle du nord.

Relâche à Simons-baie située dans False-baie, lorsque la relâche est interdite à Table-baye.

Si dans la saison où l'abord est interdit à Table-baye, la disette des vivres ou quelqu'autre besoin urgent obligeoit les Vaisseaux de relâcher, on pourroit aller à Simons-baie située sur la rive de l'ouest d'un grand enfoncement, nommé la *baie de False*, qui est au sud de Table-baye: on y est à l'abri des vents qui sont les plus à craindre en cette même saison & assez près de la ville du Cap pour en tirer les secours nécessaires. Il faudra pour cet effet attérer au cap de Bonne-espérance, dont la latitude est de 34^{d} $22'$; il termine la chaîne de montagnes qui s'étendent au sud depuis Table-baye, ce qui le fait aisément distinguer des terres de l'autre côté, qui en sont à cinq ou six lieues vers l'est. Au pied de ce Cap, un quart de lieue au large, il y a un rocher nommé le *Soufflet*, & environ à trois quarts de lieue au sud de celui-ci, un autre rocher nommé l'*Enclume*, dont il faut s'écarter; quand on aura doublé ce dernier, de même qu'un récif qui s'avance à l'est du Cap, on cinglera vers le nord, rangeant les rochers dont la terre est bordée, à une distance suffisante jusqu'à Simons-baie, qu'on reconnoît par l'enfoncement que forme la côte vers l'ouest. Cette baie ou anse est à trois lieues au nord du cap de Bonne-espérance; à sa pointe du sud il y a un petit islot ou gros rocher qu'il faut ranger; le laissant à bas-bord, & le récif de Romans-Klip du côté de tribord : ce passage a un grand tiers de lieue de largeur. Après avoir doublé l'islot, on ira mouiller dans la baie par huit à neuf brasses de profondeur, qui est le mouillage ordinaire.

Le principal inconvénient de cette relâche, consiste dans la difficulté d'en sortir, les vents de sud-est qui soufflent fréquemment en ces parages étant directement contraires; mais comme depuis le 15 Mai jusqu'à la fin d'Août, ces mêmes vents sont rares, & qu'au contraire ceux du nord-nord-ouest à l'ouest y règnent alors très-souvent, on pourra en profiter pour sortir de Simons-baie, de False-baie, & enfin pour se mettre au large de la côte qui s'étend vers l'est.

Il est bon de faire observer qu'après avoir rangé le cap de Bonne-espérance en remontant vers le nord, on trouve le fond à vingt-huit, vingt-six, vingt-quatre & vingt brasses, de sorte qu'on peut mouiller en cas de calme.

Situation du cap False.

Le cap False, qui fait le côté oriental de la baie de ce nom, gît quatre lieues & demie à l'est-nord-est du Monde de la pointe de l'est du cap de Bonne-espérance, & à l'est quart sud-est de Simons-baie; il se reconnoît particulièrement à une montagne remarquable par son apparence, que les Hollandois appellent *Hanglip* ou la lèvre pendante. La côte au-delà de ce Cap s'étend à l'est quart sud-est & est-sud-est, formant plusieurs anses ou enfoncemens jusqu'au cap des Aiguilles, & le rivage est par-tout bordé d'un récif qui en rend l'accès très-difficile.

Route qu'on doit tenir quand on va au-delà du Cap.

Lorsqu'on va au-delà du cap de Bonne-espérance sans y relâcher, & que les circonstances ne permettent pas d'en prendre connoissance, il faut au moins, pour vérifier l'estime de la longitude, reconnoître par la sonde le banc des Aiguilles *, dont l'açore de l'ouest se prolonge au sud quart sud-est du cap jusque par 36 degrés de latitude : ce banc s'étend ensuite en forme de courbe à l'est-nord-est, & au nord-est en cernant la côte d'Afrique l'espace de cent quarante lieues; les profondeurs y sont de soixante à cent vingt brasses, suivant la distance où l'on est de la terre, sans toutefois être exactement proportionnelles à son éloignement. La qualité du fond est différente, on trouve de la vase en certains endroits, du sable en d'autres, quelquefois du gravier, mais chaque espèce est dispersée de façon qu'on n'en peut inférer aucune position particulière : on remarque seulement en général qu'à l'ouest du cap des Aiguilles le fond est de vase, & de sable du côté de l'est. Ainsi la sonde & le jugement qu'on en peut porter, servira au moins à prévenir l'effet des grandes erreurs de l'estime; & faute de cette précaution, plusieurs Vaisseaux ont manqué leur destination.

Banc des Aiguilles, profondeurs & qualité du fond.

Indices du banc des Aiguilles.

Indépendamment du changement de la couleur de la mer, qui manifeste ordinairement la proximité du fond, on voit presque toujours sur le banc une espèce particulière d'oiseaux blancs avec l'extrémité des ailes noires, qu'on appelle *manches de velours;* ils sont de la grosseur d'un gros canard, leur vol est court & assez semblable à celui des pigeons. On aperçoit aussi souvent des loups

* Ce banc prend son nom du cap des Aiguilles, & celui qu'on donne à ce Cap, vient de ce qu'au commencement de la navigation des Indes l'aiguille aimantée ne déclinoit point en cet endroit.

marins

marins qui nagent sur l'eau, & ce sont les indices certains qu'on est sur le banc.

De la vue du cap de Bonne-espérance * ou bien de la sonde du banc des Aguilles, en continuant d'aller vers l'est, il suffira de se maintenir entre le parallèle de 33 & celui de 36 degrés de latitude pour trouver des vents favorables. Quoique j'aie dit dans mon premier Routier des Indes, que les vents de la partie de l'ouest étoient plus assurés par une grande latitude que sous une moindre, j'étois alors mal informé : ma propre expérience, jointe à celle de plusieurs autres Navigateurs que j'ai consultés à cet égard, m'a convaincu que les vents y sont plus impétueux sans être plus constans & la mer bien plus agitée ; d'un autre côté, comme dans cette même étendue de mer, les vents viennent souvent du nord & du nord-est, ils deviendroient d'autant plus contraires à ceux qui voudroient remonter ensuite vers la région des vents généraux du sud-est, qu'ils en seroient plus éloignés. Il sera donc plus expédient pour rendre la traversée plus courte & moins pénible, de garder une latitude moyenne.

Latitudes qu'on doit observer pour s'élever vers l'est.

Les vents du nord-ouest à l'ouest-sud-ouest sont à l'est, comme à l'ouest du Cap, ceux qui y causent les plus fortes tempêtes ; &

* Comme le grand nombre des Observations que M. l'abbé de la Caille a faites au cap de Bonne-espérance pour en déterminer la longitude, ne laisse désormais aucun doute sur la situation de cet endroit, & que sa longitude est de 16ᵈ 10′ à l'orient du méridien de Paris ; c'est à ce point qu'on doit uniquement comparer l'estime, soit qu'on vienne de l'ouest ou bien de l'est, & la différence qu'on trouvera sera toujours une erreur réelle. La coutume de plusieurs Pilotes, de rapporter leur point d'attérage sur plusieurs Cartes différentes, pour voir avec laquelle ils sont le plus d'accord, n'est excusable que quand la situation des lieux est indéterminée : mais sitôt qu'on en est certain, ceux qui agissent ainsi ne font en cela que vérifier une erreur par une autre, c'est-à-dire qu'ils font une comparaison aussi inutile que ridicule, qui prouve plutôt l'ignorance que la capacité de celui qui la fait.

quoiqu'ils n'y ſoient dans leur plus grande force que pendant les mois de Juin, Juillet & Août, il arrive pourtant qu'en Avril & Mai, qui doivent être regardés comme la fin de l'automne, on reſſent ſouvent de furieux coups de vent de cette partie.

Orages fréquens au-delà du cap de Bonne-eſpér.

Environ cent cinquante lieues à l'eſt du cap de Bonne-eſpérance, il règne de fréquens orages; l'air eſt preſque toujours enflammé par les éclairs & le tonnerre ſuivis de pluies abondantes, tellement qu'on jouit à peine deux jours de ſuite d'un temps ſerein. Ces mauvais temps continuent ainſi l'eſpace de plus de trois cents lieues au-delà: pluſieurs perſonnes qui ont fréquenté ces mers, ont remarqué que leur région s'étendoit juſqu'au méridien qui paſſe par la partie orientale de Madagaſcar.

Chemin qu'on doit faire à l'eſt après avoir doublé ce Cap.

Le chemin qu'il faut faire à l'eſt après avoir doublé le Cap, ſur les parallèles de latitude que j'ai conſeillé de conſerver, doit toujours être proportionné à l'éloignement vers l'eſt des lieux où l'on veut aborder, de façon qu'en quittant les vents d'oueſt, ceux du ſud-eſt & de l'eſt-ſud-eſt qu'on rencontre enſuite ſoient favorables à la route qu'on doit tenir. Il eſt vrai que ces mêmes vents de ſud-eſt ne ſe trouvent guère être réglés que par 26 degrés de latitude, & quelquefois même plus nord; mais comme dans l'intervalle des uns aux autres le vent eſt bien moins frais & moins conſtant que dans le parage ordinaire des vents du nord-oueſt au ſud-oueſt, il vaut mieux fréquenter ce dernier que de s'expoſer à des calmes & à des variétés toujours préjudiciables au ſuccès des voyages.

Ce que doivent faire les Vaiſſeaux qui vont à l'île de France.

Les Vaiſſeaux qui voudront aller à l'île de France, s'élèveront vers l'eſt juſque par 55 degrés de longitude orientale; de-là cinglant à l'eſt-nord-eſt & enſuite au nord-eſt, ils feront en ſorte de n'atteindre le parallèle de 26 degrés de latitude que par 61 degrés de longitude, c'eſt-à-dire nord & ſud de l'île Rodrigue.

De cette dernière position, on fera valoir la route le nord, jusque par 20 degrés de latitude : en navigant de cette façon, on préviendra l'effet des plus grandes erreurs de l'estime de la longitude, & on pourra se flatter de ne pas manquer le lieu de la destination.

Utilité d'observer la variation dans ces mers.

L'observation des variations de l'aiguille aimantée procure le même avantage dans les mers orientales qu'à l'occident du Cap ; ces déclinaisons semblent garder entr'elles une telle proportion quand on va de l'occident vers l'orient, ou de l'orient vers l'occident, qu'on peut les considérer comme des moyens de s'aperçevoir de ces mêmes erreurs de l'estime ; c'est pourquoi on ne doit pas négliger les occasions ainsi que les différens moyens qu'on a sur mer pour s'en assurer. L'indifférence de plusieurs Navigateurs, qui en abandonnent souvent la pratique à des gens qui n'en connoissent pas à beaucoup près la conséquence, est très-condamnable *.

Règles que suivent les variations.

J'ai dit ci-devant que la variation étoit d'environ 20 degrés nord-ouest du cap de Bonne-espérance : elle augmente encore vers l'est jusqu'à la quantité de 26 degrés ; & suivant mes observations

* On se sert ordinairement de l'observation des amplitudes occases & ortives du Soleil pour connoître la variation, & cette méthode est à la portée du commun des Pilotes ; celle qui résulte de l'azimut, & qui exige un plus long calcul, pourroit y suppléer si on l'observoit avec plus d'attention : on ne doit point se borner, comme on le fait presque toujours, à l'observation du matin, il faut la réitérer après midi, lorsque le Soleil est à la même hauteur, & que l'intervalle soit au moins de deux heures avant & après midi : mais ce qu'on doit surtout éviter, soit pour les amplitudes, soit pour l'azimut, c'est de placer le compas dans des endroits où il y a beaucoup de fer ; le gaillard d'avant est de ce nombre, à cause de la proximité des ancres ; celui de derrière, & la dunette en particulier, y convient mieux, pourvu qu'on soit éloigné des chandeliers de lisse lorsqu'ils sont de fer ; leur situation verticale augmente leur action, & les compas varient dès qu'on les en approchent.

& celles qui m'ont été communiquées depuis, cette plus grande variation se trouve presque nord & sud du milieu du canal de Mozambique: elle diminue ensuite en allant vers l'est. Je n'ai pu jusqu'ici avoir une suite d'observations récentes pour en former une Table instructive: je l'ai observée de 11^{d} 15′ à l'île Rodrigue en 1757. J'ai remarqué que dans cette partie de l'Océan oriental les lignes d'une même variation s'étendent à peu près du sud-est au nord-ouest.

Banc de roche suivant les Hollandois.

Le banc que j'ai tracé sur ma Carte, au sud du canal de Mozambique a été découvert en l'année 1748, par le vaisseau de la Compagnie de Hollande, nommé le *Sout-van-capel*, en allant du Cap à l'île de France, par 37^{d} 20′ de latitude sud & 20^{d} 20′ à l'est du cap de Bonne-espérance: ce vaisseau le côtoya un jour entier & remarqua qu'il s'étendoit de vingt-six lieues de l'est à l'ouest, & de treize à quatorze lieues du nord au sud. Quoiqu'on n'ait eu depuis ce temps-là aucune confirmation de l'existence de ce banc, je crois qu'il est prudent de s'en méfier.

J'ai passé au nord & au sud, dans un éloignement à ne pouvoir pas en avoir connoissance; j'ai remarqué seulement, ainsi que plusieurs autres Navigateurs, que dans ce parage la mer étoit très-agitée & la vague fort courte.

Route qu'on doit tenir quand on aura atteint la latitude de l'île de France.

Lorsqu'on aura atteint la latitude de 20 degrés, ainsi qu'il a été dit ci-dessus, on fera valoir la route l'ouest jusqu'à la vue de l'île de France.

La variation fera connoître à peu près si l'on est à l'est ou bien à l'ouest de l'île Rodrigue: dans le premier cas, on la trouveroit de 9 à 10 degrés suivant la distance où l'on en seroit; mais si on l'observoit de 12 à 13 degrés, on seroit alors entre les deux îles.

Vue de l'île Rodrigue.

Au reste, si la différence de l'estime de la longitude étoit du côté de l'est & qu'on eût connoissance de Rodrigue ; on en passera du côté du sud.

Description de l'île Rodrigue, & des dangers qui l'environnent.

Cette île est située par 19^{d} 40′ de latitude méridionale & par 60^{d} 52′ de longitude orientale, suivant les observations de M. Pingré, en 1761 ; sa longueur est d'environ six lieues de l'est à l'ouest, & sa plus grande largeur de deux lieues & demie du nord au sud ; on la découvre aisément de dix à douze lieues en mer, & son terrein dans cet éloignement, à quelques petites élévations près, paroît assez égal. Cette île est cernée au nord, au sud, ainsi qu'à l'ouest, d'un banc de cages ou roches sous l'eau, sur lequel on voit plusieurs petits islots & rochers dispersés : ce banc s'étend d'une lieue & demie au large. La partie du nord-est est la moins dangereuse ; le récif s'écarte très-peu du rivage, de sorte qu'on peut ranger l'île de près de ce côté-là. L'endroit le plus commode pour y aborder, est au nord vis-à-vis l'habitation. Il y a aussi un canal entre les récifs du côté du sud, mais il est tortueux, & il faut être absolument pratique pour y entrer.

On entretient seulement un corps-de-garde avec quelques Noirs, en cette île, pour y ramasser la tortue de terre, dont la quantité diminue tous les jours : il est même à craindre que les rats & les chats sauvages, qui y multiplient beaucoup, n'en détruisent bientôt l'espèce.

Ce qu'on doit faire quand on y relâche.

Les Vaisseaux qui veulent y relâcher, soit pour s'y pourvoir de tortues, soit pour y porter des avis, acosteront l'île du côté du nord-est à une demi-lieue ; & rangeant ensuite les récifs jusqu'à ce que la pointe du nord de l'île reste au sud-ouest, on pourra mettre en panne ou louvoyer à petits bords pour attendre la chaloupe, qu'on aura eu soin d'envoyer de bonne heure, afin qu'elle ne soit pas exposée à tomber sous le vent de l'habitation.

Ceux qui voudront aller au mouillage de l'anse que forment

Instruction pour ceux qui veulent y mouiller.

les récifs, rangeront celui de la pointe du nord à la distance d'une portée de fusil; & lorsque le pavillon de l'habitation restera au sud-ouest du compas, on prendra l'amure à bas-bord, gouvernant au sud-ouest quart sud, pour passer sous le vent de plusieurs rochers qui bordent le récif, & on ira mouiller par neuf brasses fond de sable à une portée de pistolet du récif, de cette position, le coude du récif qui forme l'anse du côté de l'est, restera au nord-est un tiers de lieue; le pavillon de l'habitation au sud-ouest 3 degrés sud une demi-lieue; l'islot aux Diamans, qui est le plus voisin de l'île, à l'ouest quart sud-ouest 5 degrés sud une lieue; l'islot aux Foux qui est le plus écarté, à l'ouest quart nord-ouest 5 degrés nord, & la pointe des Brisans de tribord au nord-ouest quart ouest cinq quarts de lieue.

Au nord 5 degrés ouest de cet endroit, à la distance d'une demi-lieue, il y a trois ou quatre petits bancs de roches, dont l'étendue est d'environ un quart de lieue de l'est à l'ouest & d'un huitième de lieue du nord au sud : il reste environ huit à dix pieds d'eau sur l'endroit le moins profond.

Quand on fait voile de ce mouillage, pourvu qu'on n'ait pas beaucoup dérivé en appareillant, il suffira de faire route au nord pour passer sur l'extremité de l'est de ces mêmes bancs, par dix ou douze brasses de profondeur, à laquelle on distinguera aisément le fond; mais si on gouvernoit au nord quart nord-est ou au nord-nord-est, on tiendroit alors le milieu du canal entre les roches & le récif.

On peut également en passer sous le vent, c'est-à-dire, entre les roches & le récif de l'ouest, en gouvernant d'abord au nord-ouest quart nord 3 degrés ouest, ensuite au nord; & quand on sera entre les deux, on fera environ une demi-lieue sur un fond de roches qu'on voit distinctement, & sur lequel il y a au moins huit brasses de profondeur.

Distance de l'île Rodrigue à l'île de France, & précautions à prendre pour y attérer.

On compte cent lieues de l'île Rodrigue à l'île de France: quand on n'a point eu connoissance de la première & qu'on est incertain de la distance où l'on est de l'autre, il faut en cinglant vers l'île de France, naviguer avec beaucoup de prudence, crainte de la rencontrer inopinément pendant la nuit. Les récifs qui environnent la partie de l'est & qui s'avancent en quelques endroits au large, en rendent l'abord imprévu très-dangereux.

Cette île s'aperçoit aisément de quinze à seize lieues en mer d'un beau temps, mais très-souvent les nuages & les brouillards qui s'élèvent au-dessus ne permettent pas de la découvrir à cet éloignement: son terrein, sur lequel s'élèvent plusieurs montagnes de différentes grandeurs & figures, en rend l'aspect très-irrégulier. Lorsqu'on y attère par 20 degrés de latitude, on voit à la partie du sud un groupe de hautes montagnes, nommées les *montagnes de Bambous*, qui sont au-dessus du port du sud-est, & du côté du nord on aperçoit quatre islots, qui sont au nord-est de la pointe du nord de l'île de France. C'est entre ces islots qu'on passe ordinairement pour aller au port du nord-ouést, qui est l'endroit principal de cette île *.

* En l'année 1751, j'ai déterminé, par plusieurs observations différentes, la latitude & la longitude du port du nord-ouest, ou du port-Louis de l'île de France; & suivant le résultat des unes & les correspondantes des autres, j'ai trouvé qu'il étoit situé par 20d 9′ 43″ de latitude méridionale, & de 3h 40′ 30″ plus oriental que l'Observatoire royal de Paris, qui répondent à 55d 7′ 30″ de longitude occidentale. Un autre ayant eu occasion d'y faire encore les mêmes observations en 1753, avec de plus grands Instrumens que ceux dont j'étois pourvu, a trouvé, à deux secondes près, les mêmes résultats, c'est-à-dire 20d 9′ 45″ pour la latitude, & 3h 40′ 32″ pour la différence des méridiens.

J'ai aussi déterminé en 1740, & vérifié en 1751, la situation de l'île

Île Ronde.

L'île Ronde, qui eſt l'iſlot le plus avancé en mer, eſt auſſi le plus remarquable quand on vient de l'eſt ; on le découvre de dix à douze lieues : cet iſlot, qui n'a tout au plus qu'un tiers de lieue de longueur, paroît arrondi & ſemblable à un tas de foin ; en l'approchant, on voit un gros rocher aride ou iſlot beaucoup plus petit, qu'on appelle l'*île au Serpent*, qui gît au nord-nord-eſt 5 degrés eſt de l'île Ronde, & n'en eſt ſéparé que d'un quart de lieue.

Île au Serpent.

L'île Ronde eſt ſituée par 19^d $50'$ de latitude, & lorſqu'on vient attérer par cette hauteur à l'île de France, on aperçoit plus tôt cet iſlot que la grande île, ſur-tout quand le Ciel eſt un peu couvert & l'horizon épais. Quand on vient du ſud, l'île Ronde paroît moins ; mais l'on découvre alors ſa plus grande étendue. Soit qu'on vienne de ce côté-là ou de celui de l'eſt, on doit toujours gouverner pour en paſſer au ſud à trois quarts ou une demi-lieue de diſtance, d'où on fait route enſuite vers un autre iſlot, nommé le *Coin de mire*, qui en eſt éloigné de trois lieues deux tiers au ſud-oueſt quart oueſt 3^d $30'$ oueſt. Comme cet iſlot a la forme d'un coin, cette apparence lui en a fait donner le nom.

Le Coin de mire.

Île Longue.

Une lieue au nord-eſt du Coin de mire, & deux lieues & demie à l'oueſt-ſud-oueſt de l'île Ronde, eſt ſituée l'île Longue ou Plate, à cauſe qu'elle eſt baſſe en plus grande partie : elle eſt diviſée en deux par un petit bras de mer, dans lequel les pirogues peuvent paſſer. On voit au nord-eſt un gros rocher qui reſſemble à une groſſe tour ; il paroît ſéparé de l'île Plate,

de Bourbon, & j'ai trouvé la latitude du bourg de Saint-Denys de 20^d $51'$ $44''$, & ſa longitude de 53^d $10'$, de même que la latitude du bourg de S.t-Paul en la même île, de 20^d $59'$ $44''$. On trouvera le détail de mes obſervations dans les Mémoires préſentés à l'Académie, *Tome IV*.

quoiqu'il

quoiqu'il y ſoit joint par une chaîne de rochers à fleur d'eau. Le bout du nord-oueſt de l'île Longue eſt haut & eſcarpé au bord de la mer. C'eſt entre cette île & le Coin de mire qu'eſt le paſſage ordinaire des Vaiſſeaux.

Route qu'on doit tenir pour paſſer entre ces îlots & ſe rendre au port du nord-oueſt de l'île de France.

Ainſi après avoir doublé l'île Ronde du côté du ſud, on gouvernera ſur le Coin de mire, le laiſſant cependant un peu à bas-bord, afin de s'écarter de pluſieurs rochers deſſus & deſſous l'eau qui bordent le côté du nord du Coin de mire, dont les plus avancés en mer en ſont écartés d'une portée de fuſil.

Auſſi-tôt qu'on aura doublé la roche la plus à l'oueſt, on s'approchera du Coin de mire, dont la partie de l'oueſt eſt la plus élevée & coupée à pic juſqu'à la mer. De cet endroit on cinglera pour ranger la pointe des Canonniers qui gît directement au ſud-oueſt 2 degrés oueſt du plus élevé du Coin de mire, en donnant rumb aux briſans ou rochers de cette pointe qui s'avancent d'une demi-portée de canon en mer.

Les courans ou marées dont l'établiſſement eſt d'une heure, ſont ordinairement très-violens entre ces îles, & on a remarqué que leur vîteſſe étoit de trois quarts ou une lieue par heure; le *flot* porte au nord-eſt ou quelquefois à l'eſt, & le *juſan* en ſens contraire: on doit donc y faire attention & prendre un peu plus de l'un ou de l'autre côté, ſuivant le cas où l'on ſe trouvera.

L'île Longue forme une anſe de ſable vis-à-vis du Coin de mire; à ſa pointe du ſud-oueſt il y a une chaîne de rochers qui s'avancent en mer d'une portée de canon: comme ce récif eſt dangereux, on doit ranger le Coin de mire de plus près, ou ſe tenir au moins à mi-canal.

L'intervalle entre le Coin de mire & la partie du nord de l'île de France eſt rempli de hauts fonds; c'eſt pourquoi il ne

F

faut point s'exposer à y passer quand on n'en connoît pas la situation & les issues.

Si le calme survenoit lorsqu'on est entre ces îles, le meilleur parti qu'on pourroit prendre seroit de mouiller avec une ancre à jet, par quinze ou vingt brasses fond de gravier ou de corail, qui est le fond ordinaire : on évitera par cette précaution d'être jeté par les courans sur le récif qui joint à l'île Plate, ou entraîné entr'elle & l'île Ronde, où il y a plusieurs hauts-fonds, & principalement une chaîne de rochers qui s'étend de l'île Ronde près d'une lieue à l'ouest-nord-ouest. Cet écueil qui ne brise que quand la mer est agitée, rend ce canal étroit & dangereux : j'y ai passé, & j'ai distingué le fond sur la pointe du récif ; & quoiqu'il ne me soit arrivé aucun accident, il me paroît plus à propos, quand on est sous le vent de l'île Ronde, de passer au dehors de l'île Plate, la ranger à une demi-lieue & cingler de-là vers la pointe des Canonniers.

Après avoir doublé cette dernière, on fera route en acostant la terre, pour ranger de plus près la pointe du bras de mer qui en est éloigné d'une lieue. On prolongera ensuite à un quart de lieue de distance les récifs qui bordent la côte, en prenant garde à ceux qui sont à l'entrée de la baie des Tortues & devant celle du Tombeau qui s'avancent le plus au large : pour les éviter, il faut s'entretenir au moins par la profondeur de treize à quatorze brasses pendant le jour, & par celle de vingt brasses pendant la nuit.

Du récif du Tombeau, la route doit prendre un peu plus du sud ; on gouverne au sud-sud-ouest jusqu'à mettre dans le même alignement la pointe de tribord de la grande rivière, la montagne du Corps-de-garde & une petite monticule. De cette position on portera au sud-ouest sur deux bouées qui sont à l'entrée du port, au bout du récif de l'île aux Tonneliers, sur lesquelles il y a deux petits pavillons pour servir de marque. On continuera cette route jusqu'à ouvrir la pointe la plus avancée de l'île aux Tonneliers par la petite montagne de l'enfoncement du Camp, alors on mouillera par quatorze ou quinze brasses, à la distance d'une encâblure des deux petits pavillons dont on vient de parler.

Si les vents souffloient du nord ou du nord-ouest, comme il arrive quelquefois, il sera inutile alors de mouiller en dehors, vu qu'on peut entrer aisément dans le port; le chenal y est indiqué par des bouées qui portent aussi de petits pavillons. On gouverne au sud-est & sud-est quart sud sur deux pointes de montagnes, qu'on nomme les *deux Pitreboots*, les laissant un peu à tribord; on ira ainsi jusqu'aux dedans de la première pointe de l'île aux Tonneliers.

Ce qu'on doit faire pendant la nuit.

Quand on n'a connoissance de l'île Ronde que le soir, & qu'on ne peut pas doubler le Coin de mire avant la nuit : comme il est dangereux de s'exposer entre les îles lorsque l'obscurité ne permet pas de distinguer les objets, il vaut mieux prendre le parti de louvoyer à petits bords au large ou à la vue de l'île Ronde, avec la précaution de ne pas s'en écarter de plus de deux lieues, en portant la bordée vers l'île de France à cause des récifs qui l'environnent : ce bord de la mer étant fort bas de ce côté-là, on seroit en danger de se perdre sur ces écueils avant d'apercevoir la terre. On ne doit pas, sur-tout en ce parage, mettre en travers ou à la cape à cause des marées.

Après avoir doublé l'île Ronde, si on distinguoit assez le Coin de mire & l'île Longue, pour ne pas les perdre de vue, ce qui peut avoir lieu d'un clair de Lune & d'un beau temps, alors on peut continuer la route & passer entr'elles, il suffira de prendre garde à la chaîne de roches de l'île Longue & à celle du Coin de mire dont j'ai fait mention ci-devant; & lorsqu'on aura paſſé ce dernier & qu'on en ſera éloigné d'une lieue & demie à l'oueſt, on gouvernera à l'oueſt-ſud-oueſt du compas, pour ranger le récif de la pointe des Canonniers. On allume ordinairement un feu ſur cette pointe dès qu'on découvre des Vaiſſeaux : quand ce feu reſtera au ſud-eſt à la diſtance d'une lieue, on aura pour lors doublé le récif, & on pourra enſuite continuer de prolonger la côte, avec cette attention de n'en pas approcher par moins de quinze braſſes de profondeur.

Cependant, comme il eſt difficile de reconnoître l'entrée du port pendant la nuit, & qu'on peut aiſément ſe tromper aux feux différens des montagnes, il convient mieux, après qu'on aura doublé la pointe des Canonniers, de mouiller par dix-huit ou vingt braſſes & d'y attendre le jour pour aller mouiller devant le port.

Il ne faut pas, ſur-tout d'un vent foible ou d'un temps calme, accoſter, ſoit de jour, ſoit de nuit, la pointe des Canonniers, à cauſe du remoux des marées qui y ſont très-rapides.

Comme je me propoſe de traiter dans la nouvelle édition de mon Neptune oriental, de tout ce qui concerne les voyages en différens endroits des Indes & de la Chine, & principalement de la route qu'on doit tenir en partant du cap de Bonne-eſpérance, ſoit pour y aller par le canal de Mozambique ou bien directement par la grande route, ſoit enfin en partant de l'île de France ; cette raiſon m'engage à terminer ce Mémoire par une Inſtruction abrégée de ce qu'il y a de plus important à obſerver pour le retour.

RETOUR DES INDES EN EUROPE.

Temps du départ de l'île de France.

QUOIQU'IL ſoit facile, en tout temps, de doubler le cap de Bonne-eſpérance en venant de l'oueſt pour aller dans les mers orientales, il n'en eſt pas de même du retour : les vents de l'oueſt-nord-oueſt au ſud-oueſt, qui ſont dans leur plus grande force aux environs de ce cap pendant les mois de Mai, Juin, Juillet, Août, & plus fréquens que dans toute autre ſaiſon, expoſent les Vaiſſeaux, qui tentent alors de le doubler, à perdre un temps conſidérable à louvoyer & aux fâcheux évènemens qui ſont preſque toujours les ſuites du long ſéjour ſur mer & des tempêtes: c'eſt pourquoi je crois qu'on doit fixer le départ des îles de France & de Bourbon, depuis le premier Septembre juſqu'à la fin de Mars. J'excepte ſeulement de cette règle les cas forcés & imprévus, tels que ſeroit celui d'un Vaiſſeau qu'on deſtine à porter des avis importans; alors le ſuccès de la traverſée devient problématique & dépend de la variété annuelle des vents dans la même ſaiſon: malgré cela, hors les cas de néceſſité abſolue, de quelqu'endroit des Indes que ſoit le départ, on doit toujours, en combinant la durée de la traverſée juſqu'au Cap, éviter de s'y trouver dans les mois ſuſdits, & il vaut mieux ſe diſpenſer de relâcher aux îles de France & de Bourbon, & le faire au-delà du Cap, que de s'expoſer à manquer le voyage par le retardement que cette échelle peut occaſionner.

Quand on part de l'île de France ou bien de l'île de Bourbon, on doit d'abord gouverner pour paſſer à trente lieues d'éloignement de la partie du ſud-eſt de l'île de Madagaſcar, où eſt le fort Dauphin, & de la hauteur de 26^d $30'$ à 27^d; on fera enſuite valoir la route de l'oueſt-ſud-oueſt juſqu'aux environs de la côte d'Afrique. On pourra même en prendre connoiſſance au-deſſous de la pointe de Natal vers la rivière des Infantes, tant pour rectifier le point que pour profiter des courans qui vont vers l'oueſt avec rapidité.

Route qu'on doit tenir.

Indépendamment de l'avantage que procure toujours aux Vaiſſeaux une route directe, celle dont il eſt queſtion a encore celui de les maintenir, autant qu'il eſt poſſible, dans la région ordinaire des vents généraux, ſans toutefois les compromettre ſi dans cet eſpace de mer ils trouvoient des vents différens.

Différences au ſud, occaſionnées par les courans.

Quand on approche de la côte d'Afrique aux environs de la pointe de Natal, on ne doit point être ſurpris de trouver d'un jour à l'autre des différences conſidérables vers le ſud; j'en ai trouvé moi-même, ainſi que pluſieurs autres, de 1^d 20′ en vingt-quatre heures de temps. On doit préſumer que ces différences proviennent de l'effet des courans qui viennent du canal de Mozambique & des mers de l'eſt, & qui prennent leur cours le long de la côte orientale d'Afrique.

Précautions pour attérer à la côte d'Afrique.

Comme les profondeurs qu'on trouve à cet attérage ſont fort inégales, & qu'en pluſieurs endroits la côte eſt fort accore, la ſonde eſt un moyen très-incertain pour en connoître l'éloignement ou la proximité. Cette raiſon doit engager de naviguer avec prudence quand on vient du large: on y voit ſouvent des brouillards qui forment un rideau vers la terre & qui empêchent d'en voir le bord, tandis qu'on découvre aiſément le ſommet des montagnes.

Comment on doit la prolonger.

Après avoir reconnu la côte, on la prolongera, ſuivant ſon giſement, à la diſtance de douze ou quinze lieues pour profiter des courans qui vont vers l'oueſt: pluſieurs Vaiſſeaux en ont été tellement favoriſés, qu'ils ſe ſont trouvés dans l'oueſt du Cap lorſqu'ils s'en eſtimoient encore à plus de cinquante lieues dans l'eſt. Ces mêmes courans ſont moins rapides au large, & l'expérience nous apprend que les vents y ſont plus violens & la mer bien plus agitée: il paroît donc moins expédient de s'écarter de la côte que de la fréquenter, pourvu toutefois que ce ſoit à une diſtance moyenne où l'on ne ſoit pas expoſé aux effets & aux ſuites d'un coup de vent momentané: celle que je conſeille ici ſemble remplir ces deux objets. Comme j'ai obſervé la latitude des principaux endroits de cette côte en 1752, lorſque la Compagnie m'ordonna de la parcourir, on peut ſe rapporter à la Carte que j'en ai dreſſée.

Utilité de la ſonde lorſqu'on n'a point la vue du Cap.

Si les circonſtances ne permettent pas de reconnoître le cap de Bonne-eſpérance ou le cap Falſe, il faut du moins faire en ſorte d'avoir la ſonde de l'accore de l'oueſt du banc des Aiguilles, pour s'aſſurer ſi on eſt à l'eſt ou à l'oueſt : cette précaution eſt en quelque façon eſſentielle à la route qu'on doit faire enſuite.

L'accore de l'oueſt de ce banc ne s'étend qu'au ſud quart ſud-eſt du cap de Bonne-eſpérance: à l'égard de celle du ſud, comme elle eſt plutôt formée par pluſieurs petits bancs ſéparés les uns des autres que par la continuation du même banc, il arrive ſouvent que par 36 degrés on ne rencontre pas le fond, quoiqu'on ſoit encore à l'eſt du Cap : ainſi la ſonde eſt alors un moyen fort équivoque, & il faut être plus nord pour s'y référer.

Route du Cap à l'île Sainte-Hélène ou à celle de l'Aſcenſion.

Lorſqu'on aura doublé le cap de Bonne-eſpérance, on prendra le cours au nord-oueſt vers l'île Sainte-Hélène.

Cette île eſt ſituée préciſément au nord-oueſt 5 degrés oueſt du Cap, & celle de l'Aſcenſion au nord-oueſt 2 degrés $\frac{1}{2}$ nord de celle-ci. Quand on veut reconnoître ces îles ou bien relâcher, & que le point du départ eſt certain, il ſuffira, pour prévenir les erreurs ordinaires de l'eſtime, de s'élever vingt-cinq à trente lieues à l'eſt avant de faire route pour y aborder. L'incertitude de la diſtance à laquelle on double le Cap, exige à proportion une plus grande précaution.

Vents que l'on trouve ordinairement au nord-oueſt du Cap.

Quoique les limites des vents généraux ne s'étendent guère au-delà de 28 à 29 degrés de latitude ſud, on trouve quelquefois après avoir doublé le Cap, des vents de ſud-eſt qui ſoufflent conſtamment & ſans interruption ſenſible; de ſorte que dans ce trajet on peut se flatter d'en être favorisé pour passer la ligne équinoxiale.

Si dans l'étendue des mers où règnent les vents généraux, on rencontre des vents différens, ils sont de peu de durée & seulement causés par des causes accidentelles *.

Situation de l'Ascension.

Le milieu de l'île de l'Ascension est par 7d 52′ de latitude, & la rade par 7d 57′; & suivant l'observation que M. l'abbé de la Caille y a faite en 1754, sa longitude est de 16d 19′ à l'occident de Paris.

Remarques sur la route que font ordinairement les Vaisseaux.

La route que tiennent les Vaisseaux qui partent de l'Ascension pour revenir en Europe, paroît plutôt assujettie au préjugé de quelques Navigateurs & à la routine de beaucoup d'autres, que dirigée suivant l'examen du trajet qu'on a à faire & des vents qu'on est certain d'y rencontrer. En effet, les uns font valoir la route nord-ouest quart ouest jusqu'à la Ligne; les autres se contentent du nord-ouest, parce qu'ils l'ont toujours fait de même ou vu faire par ceux qui les ont précédés. J'ai déjà fait voir dans cette Instruction que le sentiment des premiers, qui croient y trouver des vents plus frais & plus durables, n'étoit rien moins que justifié par l'expérience : à l'égard des derniers, je pense, & beaucoup d'autres comme moi, que l'ancienneté d'une pratique ne dispense pas des moyens de mieux faire.

Route qu'il convient de faire.

C'est pourquoi au lieu de perdre inutilement cent cinquante lieues à l'ouest, qu'on est encore obligé de regagner ensuite à l'est, il vaut mieux en partant de l'Ascension, s'il s'agit de passer à l'ouest des îles du cap Verd, qui gisent au nord-nord-ouest de la première, faire valoir la route nord-nord-ouest jusqu'au 5.e degré

* Au mois de Mai 1735, à mon retour des Indes sur le vaisseau *la Galathée*, nous trouvames en ces parages, entre 24 & 22 degrés de latitude, des vents du nord-ouest au nord, qui nous durèrent depuis le 12 Mai jusqu'au 18.

de

de latitude nord, & ensuite le nord-ouest quart nord : ce rumb de vent conduira au moins quarante lieues à l'ouest de l'île la plus occidentale de ces dernières ; au surplus il faut veiller quand on approche de leurs latitudes, pour prévenir les erreurs imprévues de l'estime. Comme on prend fort souvent cette précaution pour des dangers imaginaires, à plus forte raison ne doit-on pas la négliger pour des objets réels ; d'ailleurs, quand bien même on verroit quelqu'une de ces îles, il n'en peut résulter que l'avantage de vérifier l'estime de la longitude *.

Erreurs sur la situation des îles du cap Verd.

Il faut faire attention que les plus sud des îles du cap Verd sont également mal marquées sur quelques Cartes modernes que celles du nord, dont j'ai fait mention à la note de la *page 11 :* l'île Brave est placée par 15^{d} 10′ de latitude, au lieu, que relativement à l'île de Feu & à la rade de la Praye dont j'ai moi-même observé la latitude, elle ne doit être que par 14^{d} 36′, ce qui fait une erreur de 34 minutes.

Sur les vigies que les Cartes marquent en ce parage.

L'existence des vigies qu'on voit tracées sur ces Cartes, de même que sur plusieurs autres, est très-douteuse ; on trouve seulement dans quelques remarques, écrites en 1702 par M. Houssaye, qu'un Vaisseau de la Compagnie, dont il ne cite ni le nom, ni le voyage, ni la date, a vu un banc de roches de trois lieues de tour par 4 degrés de latitude nord & par 357^{d} 20′ de longitude, méridien de Ténérif. Indépendamment du défaut d'exactitude de ce rapport, supposé que le fait soit vrai, il reste à savoir si c'est en allant aux Indes ou bien au retour ; de quel endroit ce Vaisseau avoit pris son dernier point de départ. Dans

* En l'année 1722, le vaisseau la *Syrène*, commandé par M. de Brossi, à son retour des Indes, eut connoissance des îles du cap Verd ; il passa le 31 Juillet entre l'île Saint-Yago & l'île de Mai, ensuite entre l'île de Sel & l'île de Saint-Nicolas ; il arriva le 10 Septembre à l'Orient.

le premier cas, la ſituation de cet écueil, relativement à la Carte de Pietergoos dont on ſe ſervoit alors, ſeroit par 21^{d} 30′ de notre longitude occidentale. Si c'eſt au retour, & que ce Vaiſſeau ait pris ſon point de départ de l'Aſcenſion ſur la même Carte, ce banc ſeroit par 26^{d} 20′. On voit aſſez l'incertitude de ſa poſition & le cas qu'on doit faire de celle que lui donnent les Cartes *.

Du Ponedo ou île Saint-Pierre.

Malgré la diſpoſition la plus avantageuſe de la route que je donne ici, ſi quelque Vaiſſeau allant plus à l'oueſt ſe trouvoit vers le Ponedo ou île Saint-Pierre, il eſt bon qu'il ſache au moins ſa ſituation : cette île a été vue par pluſieurs Vaiſſeaux, & en particulier le 1.er Mars 1750 par le vaiſſeau le *Rouillé*, qui reſta deux jours à ſa vue. Suivant les hauteurs qu'il obſerva, cette petite île eſt ſituée par 55 minutes de latitude nord, quoique d'autres l'aient jugée par 1^{d} 10 à 20′. Quand on l'aperçoit dans l'éloignement de cinq à ſix lieues, elle paroît comme trois rochers ſéparés; & quand on en approche, on voit qu'ils ſont réunis par une baſſe terre couverte d'arbriſſeaux.

Route de la hauteur des îles du Cap Verd en Europe.

Toutes les routes des Vaiſſeaux qui ont rencontré cette île en partant de celle de l'Aſcenſion, font connoître qu'elle eſt ſous un méridien de 12^{d} 40′ à l'occident de celle-ci, & par conſéquent par 29 degrés de notre longitude occidentale. J'ignore ſur quel fondement quelques Cartes ont placé cette île par 2 degrés de latitude & par 26 de longitude; ce qui fait une erreur de 1^{d} 5′ ſur l'une, & de 3 degrés à l'égard de l'autre.

Quand on ſera à l'oueſt des îles du cap Verd, on continuera de profiter des vents variables qu'on rencontre enſuite pour paſſer à l'oueſt des Açores ou bien entre ces îles. Il eſt inutile de tenter

* La frégate la *Sérieuſe*, Capitaine M. Dubreuil, crut voir une vigie en allant du Sénégal aux îles de l'Amérique en 1723, & ſuivant ce Navigateur, elle ſeroit ſituée quatre-vingt-quinze lieues à l'oueſt de l'île Brave.

d'en paſſer du côté de l'eſt pour abréger la traverſée; les vents de nord-eſt, qui ſont fréquens dans ces parages, ne ſerviroient au contraire qu'à en prolonger le cours.

La navigation des Açores en Europe étant aſſez connue pour n'avoir pas beſoin d'une inſtruction particulière, je borne ici ce que j'ai cru de plus eſſentiel pour le retour des Indes.

DESCRIPTION DE FALSE-BAIE,

ET

INSTRUCTION pour les Vaiſſeaux qui veulent relâcher à Simons-Baye.

Par M. DE BOISQUENAY, Officier des Vaiſſeaux de la Compagnie des Indes.

FALSE-BAIE, ou la Fauſſe-baie, eſt ſituée à l'extrémité méridionale de l'Afrique, entre le cap de Bonne-eſpérance qui en fait l'entrée du côté de l'oueſt, & le cap Falſe qui la termine du côté de l'eſt : la diſtance entre ces deux caps qui fait l'ouverture de la baie eſt de cinq lieues, & ſon étendue vers le nord d'environ ſix lieues.

Depuis le cap de Bonne-eſpérance en allant au nord, on voit une chaîne de montagnes inégales, qui finiſſent à l'entrée de Table-baie ; la montagne de la Table, qui fait face à la rade en fait partie, & ſe découvre aiſément de l'entrée de Falſe-baie pour peu que le temps ſoit ſerein. Du côté oriental de la baie & depuis le cap Falſe, règne auſſi une autre chaîne de montagnes qui s'étendent d'abord au nord juſqu'au fond de la baie, &

ensuite au nord-est; l'intervalle entre ces deux chaînes de montagnes est une basse-terre, & les montagnes qu'on y aperçoit sont celles du lointain.

Cap Falſe. Le cap Falſe nommé *Hanglip* par les Hollandois, ou la Lèvre pendante, à cauſe de l'aſpect de ſa montagne, ſe diſtingue encore mieux par la figure d'un Coin de mire qu'on lui trouve en venant de l'eſt de façon qu'on ne peut guère s'y tromper.

Cap de Bonne-eſpérance. Le cap de Bonne-eſpérance, ſoit qu'on vienne de l'eſt ou de l'oueſt, paroît comme un gros iſlot quand on eſt dans un éloignement qui ne permet pas d'apercevoir la réunion de la gorge de ſa montagne avec les autres. Au ſud de ce cap, à un demi-quart de lieue du rivage, il y a un gros rocher nommé l'*enclume;* & environ trois quarts de lieue au ſud-ſud-eſt de celui-ci, & par conſéquent environ à une lieue de la côte, on voit un autre rocher à fleur d'eau qu'on nomme le *ſoufflet:* on prétend qu'il y a paſſage entre les deux, & que la moindre profondeur eſt de dix braſſes; mais il eſt toujours plus ſûr d'en paſſer au large que de s'expoſer dans un détroit peu fréquenté, où le fond eſt mauvais & le courant rapide.

Simons-baie. Quatre lieues au nord du cap de Bonne-eſpérance, au dedans de Falſe-baie, & au pied des plus hautes montagnes de la côte, eſt l'établiſſement des Hollandois nommé *Simons-baie*, où relâchent ordinairement les Vaiſſeaux: quoique cet endroit, à le bien conſidérer, ne ſoit qu'une grande anſe, à l'abri ſeulement des vents compris entre le nord & le ſud-eſt en paſſant par l'oueſt, ceux des autres parties qui viennent du fond de la baie, ou des montagnes qui bordent la côte, ne ſoufflent jamais dans cette anſe avec aſſez d'impétuoſité pour y mettre les Vaiſſeaux en danger, de façon qu'on peut la regarder comme un bon aſyle en tout temps.

Le principal avantage de la ſituation de Simons-baie, c'eſt de mettre les Vaiſſeaux à couvert dans les mois de Mai, Juin, Juillet & Août, des vents du nord-nord-oueſt à l'oueſt qui ſont alors dans leur plus grande force en ce parage, & pour leſquels il n'y a point d'abri à Table-baie où eſt le chef-lieu : au reſte, on trouve à Simons-baie tous les ſecours dont un Vaiſſeau peut avoir beſoin après un long cours ou dans le cas d'un dégréement : la Compagnie de Hollande y entretient des magaſins bien pourvus en mâture, agrès & uſtenſiles. Avantages de Simons-baie.

A l'égard des vivres & autres denrées de néceſſité ou de convenance, on les tire de la ville du Cap, qui n'en eſt éloignée que de ſix à ſept lieues; le tranſport s'en fait facilement ſur des chariots : l'eau & le bois s'y font avec autant d'aiſance que dans les ports de l'Europe, on pourroit même, dans un beſoin, y caréner ſur un ponton.

A une portée de fuſil de la pointe du ſud de cette anſe, il y a un iſlot nommé *l'île aux Pinguins ;* & environ un grand tiers de lieue au nord-nord-eſt de cet iſlot, on voit un petit banc de roches à fleur d'eau appelé *Romans-klip :* le paſſage ordinaire des Vaiſſeaux pour entrer & ſortir eſt entre les deux. On voit auſſi environ deux lieues au nord-eſt de Romans-klip les îles de la Magdeleine ; ce ſont deux petits iſlots environnés de rochers deſſus & deſſous l'eau, dont on aperçoit les briſans. Île aux Pinguins. Romans-klip. Îles de la Magdeleine.

Lorſqu'on veut relâcher à Simons-baie en venant de la partie de l'oueſt, après avoir reconnu le cap de Bonne-eſpérance & doublé le rocher *le Soufflet* qui en eſt le plus écarté, on cinglera enſuite vers le nord, rangeant la côte à une lieue de diſtance, ce qui ſuffit pour éviter les rochers dont elle eſt bordée qui ne s'avancent pas de plus d'un tiers de lieue en mer. L'utilité de cette route, c'eſt de trouver toujours un fond propre à mouiller Route pour aller à Simons-baie en venant de l'oueſt.

commodément en cas de calme ou de changement de vent imprévu. En approchant de Simons-baie, on en diſtinguera aiſément l'entrée par l'iſlot aux Pinguins qui eſt ras & uni, & paroît de loin comme un ponton; mais la principale marque de reconnoiſſance de cet endroit, & celle qu'on découvre de plus loin, ce ſont des dunes de ſable blanc, ſituées ſur la pente des montagnes, au nord-oueſt de l'île aux Pinguins.

On pourra ranger cet iſlot de près, vu qu'il eſt très-accore & qu'il y a huit braſſes d'eau au pied; on laiſſera le banc de Romans-klip à tribord: la profondeur entre l'iſlot & lui eſt de dix à ſeize braſſes; de cette poſition on gouvernera ſur les dunes de ſable juſqu'au mouillage.

Marques pour le mouillage.

La meilleure ſituation où l'on peut être dans la rade, c'eſt d'avoir l'île aux Pinguins & le cap Falſe l'un par l'autre au ſud-eſt, 2 à 3 degrés ſud. La porte du magaſin qu'on diſtingue aiſément des autres édifices par ſa grandeur & par ſa couverture en argamaſtre, reſtera au ſud-oueſt 5 degrés oueſt, & on ſera environ à un tiers de lieue du rivage: le récif de Romans-klip reſtera à l'eſt quart ſud-eſt 4 degrés ſud dans l'éloignement de trois quarts de lieue, & la pointe du ſud ou de l'eſt de Simons-baie, à l'extrémité de laquelle paroiſſent pluſieurs rochers, au ſud-eſt quart ſud 5 degrés ſud: on a dans cet endroit un eſpace ſuffiſant en cas de chaſſe, de quelque côté que ſoufflent les vents, étant ſur-tout à couvert par les montagnes, de ceux qui ſont les plus violens. Si on avoit un long ſéjour à faire dans cette anſe, on pourroit mouiller un peu plus en dedans, de façon que le cap Falſe fut entièrement fermé ou caché par la pointe de l'eſt.

Manière d'affourcher à Simons-baie.

On doit affourcher dans cette rade ſud-eſt & nord-oueſt, avec cette attention que depuis le mois de Mai juſqu'en Septembre, la grande touée doit être au nord-oueſt à cauſe que les vents de cette partie sont les plus fréquens & les plus forts; au contraire il faut la mettre du côté du sud-est, lorsqu'on y séjourne depuis Septembre jusqu'en Mai, attendu que les vents de sud-est sont ceux qui dominent ; toutefois il est rare qu'on y aille en cette dernière saison, la rade de Table-baie étant alors préférable.

Route pour aller à Simons-baie en venant de l'est.

A l'égard des Vaisseaux qui voudroient relâcher à Simons-baie, à leur retour des Indes, de la Chine, ou de quelqu'autre endroit situé vers l'orient ; après avoir pris connoissance de la côte d'Afrique & doublé le cap False, que sa figure en Coin de mire, & le grand enfoncement de False-baie qui le suit font aisément distinguer, ces Vaisseaux, dis-je, gouverneront pour s'approcher du côté de l'ouest au sud de Simons-baie, afin de se procurer un mouillage commode, attendu que vers le milieu de la baie on trouve de plus grandes profondeurs, & en quelques endroits fond de roche, ainsi que du côté de l'est où le rivage depuis le cap False est environné de récifs.

Sitôt qu'on aura reconnu l'entrée de Simons-baie, soit par les dunes de sable blanc dont on a fait mention, soit par la vue de l'île aux Pinguins, on suivra ce qui a été enseigné pour aller au mouillage.

Il est bon d'observer que les rumbs de vent qu'on a indiqués tant pour le mouillage que pour les autres indices, sont ceux de la boussole qui déclinoit alors de 20 degrés nord-ouest ; il faudra avoir égard par la suite à l'augmentation ou diminution de sa variation.

Si quelques circonstances imprévues ne permettoient pas aux Vaisseaux qui veulent relâcher à Simons-baie d'attérer à l'est du cap False, & qu'ils se trouvassent par la latitude de $35^{d}\frac{1}{2}$ à 36, dès qu'ils perdront le fond de vase, sur les açores de l'ouest du banc des Aiguilles, ils feront alors valoir la route nord quart nord-oueſt du monde, afin de prendre connoiſſance du cap Falſe ou du cap de Bonne-eſpérance.

J'ai joint à cette inſtruction, pour la rendre plus intelligible, la vue des terres de Falſe-baie & de quelques autres endroits des environs avec celle de l'anſe, telle qu'elle paroît de la rade.

Route pour ſortir.

Lorſqu'on voudra ſortir de Simons-baie, on ſuivra en ſens contraire ce qui a été dit pour y entrer. Pluſieurs perſonnes mal informées des vents qui règnent en cet endroit ont cru qu'il en réſultoit des difficultés, ſinon pour y entrer, au moins pour en ſortir, ce qui a été cauſe que beaucoup de Navigateurs prévenus par de faux rapports ont négligé de profiter des ſecours que pouvoit leur procurer ce relâche : un examen plus réfléchi, fondé ſur l'expérience doit ſuffire pour détruire ce préjugé.

Vents qui règnent, & leurs variétés.

Ayant tenu un Journal exact des vents qui ont régné pendant le ſéjour que j'y ai fait ſur le vaiſſeau *le Condé*, depuis le 18 Juillet juſqu'au 29 Août, qui eſt la ſaiſon où les vents du nord-oueſt à l'oueſt y ſont les plus conſtans, j'ai remarqué que leur durée n'a jamais été de plus de quatre jours ſans interruption : ces mêmes vents paſſent de l'oueſt à l'oueſt-ſud-oueſt, enſuite au ſud-oueſt, au ſud & au ſud-eſt, accompagnés de calme & de beau temps.

La plus longue durée des vents du ſud-ſud-eſt au ſud-eſt, n'a été que de trois jours, & dans l'intervalle des uns aux autres, il y a eu des calmes & des vents variables : de-là il ſuit qu'on peut toujours trouver un temps favorable ou pour y entrer ou pour en ſortir.

Attention qu'on doit avoir pour ſortir.

Quand on va vers l'eſt, on doit partir de Simons-baie dès que les vents de nord-oueſt commencent à ſouffler; mais ſi au contraire

contraire on vouloit aller du côté de l'oueſt, il faudroit pour lors attendre que ces mêmes vents fuſſent ſur leur déclin, & appareiller de la rade lorſqu'ils paſſent de l'oueſt-nord-oueſt à l'oueſt, parce que pour l'ordinaire, tombant de-là ſucceſſivement au ſud-oueſt, au ſud & au ſud-eſt, ils ſeront bons pour doubler le cap de Bonne-eſpérance, & pour s'élever enſuite au nord-oueſt.

Depuis le mois d'Octobre juſqu'au mois d'Avril, qui eſt la ſaiſon où les vents de ſud-eſt ſont les plus fréquens & les plus forts, ils ne durent guère plus de cinq ou ſix jours de ſuite, & ſont toujours ſuivis de vents variables; il arrive même ſouvent à Simons-baie, ainſi qu'à Table-baie, dans l'une & dans l'autre ſaiſon, que ces mêmes vents après avoir ſoufflé avec violence pendant le jour & une partie de la nuit ceſſent vers le matin & ſont remplacés par une briſe de l'oueſt-nord-oueſt, à l'aide de laquelle les Vaiſſeaux qui appareillent dès le commencent peuvent ſortir de l'anſe & gagner le large avant le retour du vent de ſud-eſt. Au ſurplus, ſi on étoit ſurpris dans une poſition à ne pouvoir doubler l'extrémité des terres, le parti le plus ſimple & le meilleur ſeroit de rentrer à Simons-baie.

Ce cas nous arriva dans le vaiſſeau le *Condé;* ayant appareillé le 25 Août à midi avec les vents d'oueſt, ceux du ſud qui ſuccédèrent tandis que nous étions encore au-dedans de Falſe-baie, nous obligèrent d'aller mouiller vis-à-vis la plus haute montagne voiſine de l'anſe, par vingt braſſes fond de ſable & vaſe; le lendemain nous y rentrames & en ſortimes trois jours après.

Paſſage au nord de Romans-klip.

On pourra, ſi les circonſtances l'exigent, ſoit en entrant, ſoit en ſortant, paſſer au nord de Romans-klip, c'eſt-à-dire entre le récif & la côte, en s'écartant d'une pointe de roche qui s'avance un peu au large: ce paſſage dans lequel on trouve neuf à dix braſſes d'eau eſt à peu près de la même largeur que celui d'entre Romans - klip & l'île aux Pinguins.

Canal à terre de l'île aux Pinguins.

A l'égard du canal qu'on voit entre cet iſlot & la pointe du ſud de l'anſe ; quoique la profondeur en ſoit, à ce qu'on prétend de neuf à dix braſſes, il ne convient que pour des Bôts, des Chaloupes & autres petits bâtimens.

DANS cette ſeconde édition du Mémoire de M. Daprès, ſur la navigation aux Indes orientales, l'Auteur a fait quelques corrections que divers Navigateurs & autres Correſpondans lui ont communiquées, & particulièrement M. Dalrymple, *Anglois, qui a donné de nouvelles lumières ſur des faits notoires & mieux avérés. Un des Membres de l'Académie des Sciences, avec lequel l'Auteur eſt en correſpondance, a cru devoir inſérer ici une Table à la ſuite du même Mémoire : elle ſera utile aux Navigateurs lorſqu'ils paſſent la Ligne équinoxiale. Dans les autres latitudes, ſituées entre les Tropiques, les Tables déjà conſtruites, & que l'on va publier inceſſamment, donnent des différences moins grandes : on y trouve, par exemple, que 3 minutes avant & après midi, ſous l'un ou l'autre Tropique, le Soleil n'arrive pas le jour du ſolſtice, au Zénit, mais qu'il s'en manque 41′ 17″, au lieu des 45′ qu'on trouve dans la Table qui ſuit, pour 0^{d} de latitude, le jour de l'équinoxe.*

Le commun des Navigateurs pourra ſe ſervir d'une Table plus abrégée & qui ne donne que des minutes, qui ſera inſérée dans des Traités de pilotage.

On voit par cette Table, qu'il eſt dangereux de prendre hauteur à midi, toutes les fois que le Soleil s'approche du Zénit, à moins qu'on ne connoiſſe l'heure vraie, la Montre ayant été bien rectifiée 2 à 3 heures auparavant, par les hauteurs du Soleil.

TABLE des abaiſſemens du Soleil à chaque minute, avant & après midi, ſous l'Équateur.

Déclinaiſons.	$0^h 1' \dots 11^h 59'$	$0^h 2' \dots 11^h 58'$	$0^h 3' \dots 11^h 57'$	$0^h 4' \dots 11^h 56'$
D. M.	*D. M. S.*	*D. M. S.*	*D. M. S.*	*D. M. S.*
0. 00	0. 15. 00	0. 30. 00	0. 45. 00	1. 00. 00
0. 05	0. 10. 45	0. 25. 25	0. 40. 15	0. 55. 10
0. 10	0. 07. 55	0. 21. 35	0. 36. 02½	0. 50. 50
0. 15	0. 06. 10	0. 18. 30	0. 32. 22½	0. 46. 55
0. 20	0. 04. 57½	0. 16. 00	0. 29. 12½	0. 43. 15
0. 25	0. 04. 07½	0. 14. 00	0. 26. 30	0. 40. 00
0. 30	0. 03. 30	0. 12. 22½	0. 24. 07½	0. 37. 05
0. 35	0. 03. 02½	0. 11. 02½	0. 22. 00	0. 34. 27½
0. 40	0. 02. 42½	0. 09. 57½	0. 20. 12½	0. 32. 07½
0. 45	0. 02. 22½	0. 09. 02½	0. 18. 37½	0. 30. 02½
0. 50	0. 02. 10	0. 08. 17½	0. 17. 17½	0. 28. 07½
0. 55	0. 02. 00	0. 07. 37½	0. 16. 05	0. 26. 25
1. 00	0. 01. 50	0. 07. 05	0. 15. 00	0. 24. 52½
1. 10	0. 01. 34	0. 06. 08	0. 13. 12½	0. 22. 12½
1. 20	0. 01. 22	0. 05. 26	0. 11. 47	0. 20. 00
1. 30	0. 01. 14	0. 04. 50	0. 10. 35	0. 18. 10
1. 40	0. 01. 07	0. 04. 25	0. 09. 40	0. 16. 37½
1. 50	0. 01. 01	0. 04. 02	0. 08. 52	0. 15. 20
2. 00	0. 00. 55	0. 03. 40	0. 08. 10½	0. 14. 10
2. 20	0. 00. 45½	0. 03. 10	0. 07. 02½	0. 12. 19
2. 40	0. 00. 41	0. 02. 46	0. 06. 12½	0. 10. 51
3. 00	0. 00. 38	0. 02. 29	0. 05. 32½	0. 09. 44½
4. 00	0. 00. 30½	0. 01. 52½	0. 04. 11	0. 07. 22
5. 00	0. 00. 24	0. 01. 33	0. 03. 21	0. 05. 55
6. 00	0. 00. 21	0. 01. 17	0. 02. 48	0. 04. 56½

Dans la Table précédente, les diſtances du Soleil au Zénit ne ſont plus proportionnelles aux temps écoulés, lorſque le Soleil s'éloigne de l'Équateur, & il vaut mieux à la mer, avoir recours à la loi de progreſſion, ou interpoler, pour en déduire les diſtances au Zénit qui répondent aux temps intermédiaires.

Mais lorſque le Soleil s'éloigne déjà de 3 degrés de l'Équateur, on peut y employer une règle plus générale, qui eſt celle des quarrés des temps : par exemple, les quarrés des temps écoulés qui répondent aux quatre colonnes de la Table, ſont 1, 4, 9, 16; & pour s'aſſurer, par exemple, qu'à 3 & 5^{d} de déclinaiſon, les diſtances au Zénit ou abaiſſemens du Soleil ſont proportionnels aux quarrés des temps ; ſoit pour 4 minutes, l'abaiſſement de $9' \ 44'' \frac{1}{2} = 584'' \frac{1}{2}$ dans la dernière colonne : on demande quelle quantité la loi des quarrés produiroit pour le temps écoulé de 1 minute préciſément ? Le quotient de la diviſion de $584'' \frac{1}{2}$ par 16 ſera $36'' \frac{1}{2}$, à une ſeconde & demie près de ce qui répond à 3 degrés dans la première colonne. On trouveroit pareillement $22'' \frac{1}{5}$ pour la ſeizième partie de $5' \ 55''$, c'eſt-à-dire, à $1'' \frac{2}{3}$ près de ce qui répond à 5 degrés dans la première colonne.

Suivant cette loi des quarrés des temps, les nombres de la deuxième colonne, devroient être le quart de ceux qui ſont exprimés dans la quatrième colonne; au lieu qu'ils ſont préciſément de la moitié, lorſque le Soleil parvient au Zénit le jour qu'il traverſe l'Équateur.

FIN.

VUE DE LA RADE DE SIMONS-BAYE

Le Centre de la Rose de la Boussole marque l'endroit ou doit être le Vaisseau étant affourché.

Explication des Lettres

A et B *Dunes de Sables*
C *Grand Magasin*
D *Ruisseau ou on fait l'eau*
E *Pointe du Sud de l'anse*
F *Isle aux Pinguins*
G *Rescif de Romans-klip*
H *Montagne de la decouverte*
I *Montagne de la Table*
K *Maison du Commandant*
L *Hopital*

VUE DE LA BAYE DE FALSE

Lorsquon est au dedans de la Baye, et que le Cap^e de Bonne Espérance reste au S. O. environ 2. Lieues

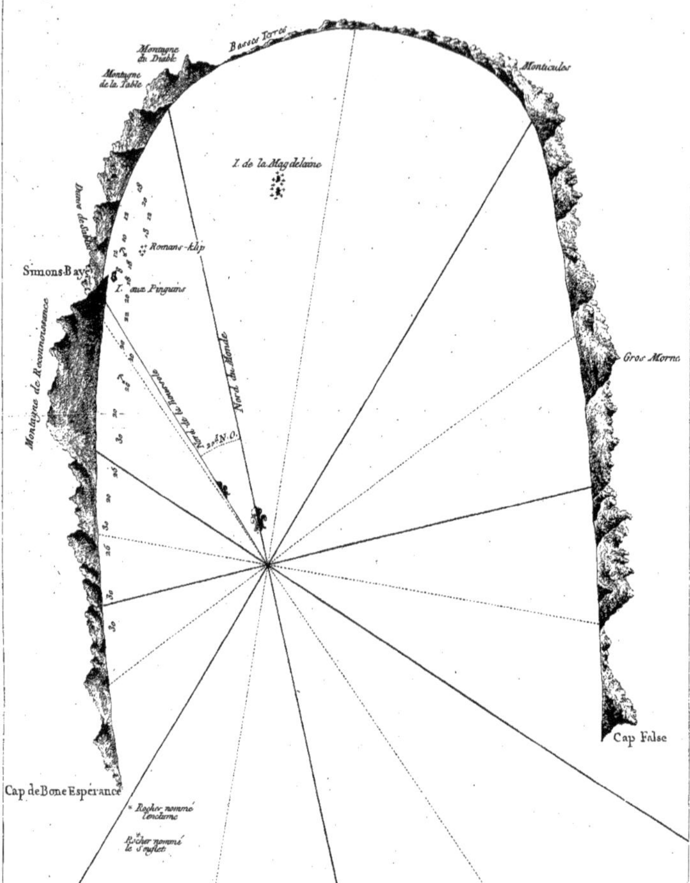

Vue du Cap des Aiguilles

Lorsqu'il reste au N.E ¼ E. du Compas dans l'éloignement de 7. à 8. lieues.

N.E. ¼ E

7 Lieuës

Cap des Aiguilles

VUE DU CAP DES HOTTENTOTS

Cap des Hottentots

au N¼N.E. 6 deg. N. du Compas ou de la Boussolle à 6. Lieuës

Vue du Cap de Bonne Espérance

Lorsquil reste au N¼N.O. 3. deg. et à 12 Lieues.

Vue du Cap False

Lorsquil reste au N.N.E. 5. deg. du Compas 9. Lieuës.

Cet espace marque l'entrée de la Baye False.

Vue du Cap False, lorsqu'il reste au N. O. du Compas.

www.ingramcontent.com/pod-product-compliance
Ingram Content Group UK Ltd.
Pitfield, Milton Keynes, MK11 3LW, UK
UKHW021014200726
13857UKWH00004B/1443

9 782012 856585